지은이 재너 레빈(Janna Levin)
미국의 천체물리학자. MIT에서 이론 물리학 박사학위를 받은 이후로
UC버클리 입자천체물리학센터, 케임브리지대학교 응용수학 및 이론
물리학과를 거쳐 현재 컬럼비아대학교 바너드칼리지 물리천문학과 교수다.
우주의 위상수학적 구조, 블랙홀, 중력파, 여분 차원 우주론, 끈이론 등
다채로운 주제를 연구했다. 과학 대중화에도 관심이 많아 NOVA 다큐멘터리
『블랙홀 아포칼립스』(Black Hole Apocalypse)를 진행했고, 미국 브루클린
소재의 비영리 문화센터 파이어니어 워크스(Pioneer Works)의 과학 부문
책임자로 활동하고 있다. 지은 책으로는 우주의 구조를 편지글 형식으로
설명한 『우주의 점』(How the Universe Got Its Spots)과 과학자들이
중력파를 발견한 과정을 다룬 『블랙홀 블루스』(Black Hole Blues and
Other Songs from Outer Space)가 있다. 앨런 튜링과 쿠르트 괴델의 삶을
그린 소설 『튜링 기계를 꿈꾸는 미치광이』(A Madman Dreams of Turing
Machines)도 발표했는데, 이 작품으로 뛰어난 문학적 성취를 이룬 등단작에
시상하는 펜/로버트 W. 빙엄상을 수상했다.

그린이 리아 할로란(Lia Halloran)
미국의 화가이자 사진작가. 예일대학교에서 판화로 순수미술 석사학위를
받았고 미국 자연사 박물관에서 방문 교수를 지냈다. 현재는 채프먼대학교
회화과 부교수를 맡아 회화를 가르치고 있다. 어렸을 적 샌프란시스코
과학관에서 레이저 시연에 참여하며 과학에 매료된 뒤로 주로 물리학
개념에서 영감을 받아 작품 활동을 하면서 예술과 과학의 접점을 모색하고
있다. 1800년대 말 여성들의 천문학적 업적을 청사진법으로 재현하는
프로젝트 『당신의 몸은 보는 공간이다』(Your Body is a Space that Sees)를
선보였으며, 저명한 이론 물리학자 리사 랜들과 과학의 '척도' 개념을 현대
미술의 형식을 통해 탐구하는 전시 『측정에는 측정으로』(Measure for
Measure)를 공동 기획했다.

옮긴이 박초월
과학 도서 번역가. 대학에서 물리학을 공부하고 대학원에서 역사를 전공해
석사학위를 받았다. 출판 편집자로 일하며 책을 만들다가 글을 옮기기
시작했다. 과학과 인문, 두 세계가 나누는 대화를 정돈된 언어로 전하고자
한다. 옮긴 책으로는 『무엇이 우주를 삼키고 있는가』가 있다.
홈페이지 chowolpark.com

블랙홀에서 살아남는 법

블랙홀에서 살아남는 법

천체물리학자와 함께 떠나는 깜깜 블랙홀 탐험

재너 레빈 지음　　리아 할로란 그림　　박초월 옮김

일러두기
각주는 모두 옮긴이주입니다.

옮긴이의 말
감각할 수 없는 것을 감각한다는 것

본다는 것은 얼마나 근사한 일인가. 더군다나 보는 게 불가능하다고 여겨졌던 존재를 마침내 목격하게 된다면? 그런 일이 2019년 4월 10일에 일어났다. "저희는 블랙홀을 직접 보고 사진도 찍었죠. 바로 이겁니다. 이것은 블랙홀의 존재에 대한 시각적 증거입니다." '사건의 지평선 망원경' 프로젝트 국제연구단장 셰퍼드 돌먼이 사상 최초로 블랙홀의 이미지를 발표하며 흥분에 가득 차 말했다. 칠레의 더없이 건조한 아타카마 사막부터 눈보라가 휘몰아치는 남극까지, 극한의 환경에서 거대한 망원경을 운용해 블랙홀의 그림자를 포착하느라 수많은 과학자들이 밤을 무수히도 지새웠다.• 지구에서 5500만 광년 떨어진 타원 은하 M87의 중심에 도사리는 블랙홀의 모습은 빛나는 오렌지색 도넛 같기도, 약간 찌그러진 반지 같기도 했다.

인류가 블랙홀의 흔적을 얼핏 들여다보기 시작한 건 18세기 말이었다. 성직자이자 자연철학자였던 존 미첼이 뉴턴의 빛 이론을 빌려 빛조차 빠져 나오지 못하는 "검은 별"의 존재를 추정한 뒤로 200여 년에 걸쳐 수많은 물리학자들이 블랙홀의 존재 가능성을 뒷받침하는 이론적 작업에 착수했다. 여기서 중요한 사실은 블랙홀이 오랜 세월 가상의 존재에 그쳤다는 것이다. 물론 우주 어딘가에 그림자를 드리운 채 발견되길 기다리고 있다는 과감한 주장을 펼친 이들도 있었으나 대부분은 생각이 달랐다. 심지어 이론적 기반을 다진 당사자들조차 그런 기이한 천체가 실제로 존재한다고는 쉽사리 믿기 어려웠다. 지은이 재너 레빈이 블랙홀을 두고 "책장 위에 순전히 수학으로만 쌓아올린 구조물. 가상의 형태로 얌전히 자리하고 종이에 찍힌 활자로 존재"했다고 말한 것도 이 때문이다.

밤하늘을 올려다본 시간이 켜켜이 포개지면서 이

• 이 과정이 궁금하다면 과학사학자 피터 갤리슨이 감독 및 제작을 맡은 넷플릭스 다큐멘터리『블랙홀: 사건의 지평선에서』(Black Holes: The Edge of All We Know)를 보길 추천한다.

모든 것은 이제 옛일이 되어 버렸다. 블랙홀이 실제로 존재한다는 사실을 부정하는 사람은 (거의) 없다. 관측 기술과 이론 지식이 겹겹이 쌓이며 블랙홀은 우주에 적어도 수천억 개나 있으며 가장 강력한 빛을 발하는 '엔진'의 지위를 굳건히 차지했다(블랙홀이 빛을 발하는 엔진이라니? 역설처럼 들리는 이 말의 진상은 책에서 직접 확인하길 바란다!). 심지어 앞서 언급한 시각적 증거까지 확보되었고 우주의 온 역사에 걸쳐 은하와 공진화하는 천체로 당당히 자리매김하기도 했다.

그럼에도 다른 천체에 비하면 블랙홀은 아직 우리에게 낯선 존재다. 무엇보다 '실감'이 나질 않는다. 지금은 팍팍한 삶과 빛공해 탓에 별을 잊은 채 살아가고 있지만 짙은 어둠이 찬연한 빛점으로 가득한 경관을 한 번이라도 목격한다면 그 존재를 의심하기란 쉽지 않다. 하지만 블랙홀은 보이지 않는다. 밤하늘을 아무리 올려다본들 절대로 볼 수 없다. 만일 블랙홀이 어떤 식으로든 보였다면 한 괴수가 세상을 집어삼키려다 신에게 벌을 받아 별자리가 되었다는 신화가 어딘가에 하나쯤은 있었을 것이다.

재너 레빈은 이토록 감각 불가능한 것을 감각하게

하는 능력이 탁월한 천체물리학자다. 일례로 그는 빅뱅이 일어난 지 38만 년 지난 '아기 우주'의 모습을 3D 프린터로 인쇄해 곳곳의 온도와 밀도 차이를 직접 보고 만져 보게 하는가 하면,● 두 블랙홀이 서로의 주위를 맴돌다 충돌할 때 시공간을 울리며 퍼뜨리는 소리를 컴퓨터 시뮬레이션을 통해 구현하기도 했다.●● 처음에는 천천히 둥둥 울리다가 점차 빨라지는 그 소리는 마치 드럼 연주자가 처음엔 가볍게 패드를 두드리다 끝내 마구 폭주하는 것처럼 들린다. 레빈은 넷플릭스 다큐멘터리 〈블랙홀: 사건의 지평선에서〉에서 블랙홀의 소리를 들려주며 이렇게 말한다. "이와 같은 소리를 감각적으로 경험할 수 있다는 건 인간이 느낄 수 있는 즐거움 중 하나예요. 어떤 면에서는 블랙홀을 더 실감 나게 하죠." 결코 감각할 수 없는 우주를 다양한 방식으로 감각해 볼 수 있게 하면서 그는 우주를 점차 실감 나는 존재로 변화시킨다.

이 책도 비슷한 고민의 결과물이다. 우주비행사가 되어 우주 공간을 유영하다 블랙홀을 마주치면 어떤 경험을 하게 될지 생생히 묘사하는 것. 그것이 레빈이

● 재너 레빈의 연구팀은 3D 프린터로 출력한 '아기 우주'를 '우주 조각'Cosmic sculpture라고 부른다. 구글이나 유튜브에 "3d printed baby universe"를 검색해 보면 우주 조각의 사진을 볼 수 있다.

●● 이 소리는 재너 레빈의 홈페이지에서 들어 볼 수 있다. 이와 관련하여 레빈이 진행한 TED 강연 「우주가 남긴 소리」(The Sound the Universe makes) 또한 참고할 만하다.

택한 전략이다. 블랙홀 근처에선 우리의 뒤통수가 눈 앞에 떠다닌다거나, 블랙홀에 빠진 뒤에는 온 우주의 진화 과정이 순식간에 흘러가는 장면을 목도하게 된다는 등의 이야기를 듣다 보면 블랙홀이 더는 낯선 공상적 존재가 아니라 실재하는 우주의 구성원임을 피부로 깨닫기 시작한다. 물론 이런 실감의 촉발은 책에 수록된 아름다운 삽화 덕분이기도 하다. 그린이 리아 할로란은 레빈과의 공동 작업을 회고하면서 블랙홀을 마주한 이가 느낄 "경험적 경외감"을 표현하고 싶었다고 말한다.

"오직 상상만 할 수 있는 것에 물질적 형태와 현실감을 부여하는 일", 그 결과로 탄생한 이 책을 읽으면서 우리는 '사건의 지평선 망원경'이 찍은 블랙홀 사진처럼 보는 게 불가능하다고 여겨졌던 존재를 마침내 목격한다.

여름에서 초가을 사이의 언젠가 고개를 들어 남쪽 하늘을 바라보자. 꼭 그때가 아니어도, 지평선 아래로 숨은 하늘 그 어딘가를 떠올려 봐도 좋다. 여러분의 시야 어딘가에 궁수자리가 활시위를 당긴 채 붙박여 있다. 궁수가 화살을 겨눈 곳 근처에 우리은하 중심에 자리한 초거대 블랙홀이 있다. 엔진의 활동을 멈춘 탓에 찬연한 빛을 내뿜진 않지만 그래도 묵묵히 제자리를 지킨 채로. 우주를 조각한 장본인, 모든 정보의 종착지. 저자가 선언하듯이 "우리의 역사이자 미래"인 블랙홀이 그곳에 있다. 내가 문장을 옮기는 내내 그랬던 것처럼 여러분도 이 책을 읽으며 머릿속 상상의 공간을 한껏 펼쳐 보길 바란다. 차가운 우주에 동그랗게 떠오른 시공간의 그림자, 그 주변의 궤도를 맴돌며 감각의 홍수에 휩싸이는 여러분의 모습을. 그러고선 블랙홀이 각인한 시공간의 굴곡을 따라 유유히 유영하면서 결코 볼 수 없는 것을 보게 되는 경험을 만끽하길 바란다. 우리의 역사이자 미래가 바로 저기 있음에 경외감을 느끼면서.

1장

입장

블랙홀은 아무것도 아니다.

블랙홀은 특별하다. 그곳에 아무것도 없기 때문이다. 정말이지 아무것도 없다.

아마도 나는 블랙홀을 완전한 개념적 실체로 무턱대고 받아들였던 것 같다. 의심할 능력을 갖출 때까지, 한번 다투어 볼 직관을 갖기 전까지 말이다. 블랙홀은 공상에 불을 지폈다. 나는 블랙홀이 존재한다는 사실을 고스란히 받아들였다. 선입견 없이 곧이곧대로 믿는 성격 탓에 블랙홀을 그럴듯한 존재로 보았고 그 진기함과 기묘함을 음미했으며 우주를 그저 보이는 대로 포용할 수 있었다. 당신도 마찬가지일지 모르겠다. 블랙홀이라는 괴상한 천체물리학적 존재, 끔찍이도 막강해 빛조차 빠져나오지 못하는 시공간의 뒤틀림을 지금처음 맞닥뜨린 건 아닐 터다.

당신이 있는 곳에선 어땠을까. 나는 천문학적으로는 그다지 극적이진 않은 광경을 어린 시절 침실에서 목격했다. 침대 발치로 살며시 다가가 둥근 창틀 사이로 하늘을 바라보느라 무진장 애쓰곤 했다. 저 아래 펼쳐진 잔디밭, 떨기나무와 큰키나무를 사이에 두고 이웃한 터들의 이음매, 둥글게 드리운 대기 아래 한 움큼씩 조각조각 기워진 땅덩이들. 창문은 그곳으로 통하는 입구였다. 먼저 땅이 어둑해지고 그다음엔 나무들 차례였다. 하늘의 돔은 은은하게 흩뿌려진 빛을 꼭 붙든 채 가장 오래도록 어둠에 저항했다. 별이 사라지고 반질반질한 암흑만 남은 도심의 하늘과는 달랐지만 내가 밤마다 응시한 경관 역시 빛공해로 바랜 것이었다. 경치가 좋아질 거라는 기대는 전혀 없었다. 어떤 새로운 것도 기대하지 않았다. 차 앞유리에 얼룩진 빗방울같이 흐릿한 반점처럼 보이는 평범한 별들을 제외하고는.

언제부터 차오른 감정인지는 모르겠다. 나를 힘껏 잡아당긴 갈망과 처음 마주한 순간, 심지어 그 욕구를 알아차리기도 전부터 저 바깥에 무엇이 있는지 알고 싶어 몸이 근질거렸다. 문간에서 초조하게 서성이는 개처럼 말이다. 나는 일상의 한계에서 벗어나고 싶었다. 저곳으로 날아가 모험한다면 얼마나 좋을까. 발의 무게로 지구에 붙박인 현실에 좌절한 채 하늘 발치에서 성큼성큼 걸어 다니며 하늘로 입장하지 못해 안절부절못했다. 이런 갈망을 물려받은 사람이 얼마나 있을까? 새로운 천 년이 시작될 때마다, 세대가 거듭될 때마다, 자손이 태어날 때마다 지표면에 묶여 있음에도 천장의 환상이 일으키는 무아지경에 빠져 우리의 연약함과 한계에 도전하고 그것들을 단호히 거부했던 사람이.

어린 시절의 나는 과학자가 되고 싶었던 적이 단한 번도 없었다. 누군가 나에게 훗날 물리학자가 되리라고 말했더라면 분명 기분이 상했을 것이다. 과학자들은 폭탄을 만들고 방정식을 암기한다. 어디선가 주워들은 뻔한 말인지, 스스로 꾸며 낸 고정관념인지는 몰라도 나는 과학자를 창의적일 수 없거나 그저 고집

불통인 사람으로 치부했다. 나는 제약된 창의성에 깃든 심오한 자유, 근본적 한계에 직면할 때 폭발하는 예지적 독창성을 이해하지 못했다.

한계는 혁명을 촉발한다. 빛의 속력에 서린 한계는 상대성 이론의 등장을 예고했다. 아인슈타인은 광선에 올라타는 엉뚱한 공상에 잠겨 시간이 멈춘 세계를 상상했다. 그러고는 경직된 시공간의 절대론을 포기하고 광속의 절대론으로 나아갔다. 그러한 이행을 딛고 우리는 우주를 처음이 존재하는 살아 있는 과정, 즉 빅뱅에서 기원하여 창조의 에너지를 지닌 채 한결같이 팽창하는 과정이자 블랙홀과 같은 무절제함의 본거지로 새로이 이해하게 되었다.

이와 나란히 촉발된 양자역학의 혁명은 하이젠베르크의 불확정성 원리가 부과한 한계로 인해 태동했다. 그 원리에 따르면 입자라는 존재는 그동안 우리가 알던 것과는 영 딴판이다. 우리는 실재의 근본적 본질을 불확실한 가능성의 안개, 즉 거기에 있기도 하고 없기도 한 모호한 입자의 안개로 재고할 수밖에 없었다. 겉보기에 끔찍한 제약을 초래한 이 압력은 만일 그것이 없었더라면 도달하지 못했을 뜻밖의 경이로 우리를 이끌었다. 우리는 탄복할 만한 새로운 언어로 실재를 다시 고쳐 썼다. 우리는 물리학을 통틀어 가장 정밀한 검증을 거친 패러다임 속에서 쿼크와 광자, 중성미자와 응집물질, 죽음을 맞이한 중성자별과 힉스 보손, 초전도체와 양자컴퓨터를 건져 냈다.

컴퓨터 혁명 또한 한계, 즉 수학 지식에 서린 극복할 수 없는 한계에서 비롯되었다. 증명이 불가능한 수학적 명제가 있다는 것을 밝힌 불완전성 정리는 앨런 튜링을 인공지능과 생물학적 기계라는 꿈으로 이끌었다. 튜링은 숫자에 관한 대부분의 사실이 우리의 이해를 초월한다는 것을 증명했다. 도저히 예측할 수 없는 숫자들이 무한히 뒤따르는 무리수가 무한히 존재하기 때문이다. 이것을 심사숙고한 튜링은 언젠가 스스로 생각하게 될 기계를 마음에 그렸고, 실제로 '우리 존재도 생각하는 기계'라는 통찰에 가닿았다.

물리 법칙과 수학의 정확성이 부과한 제약의 엄정함은 창의성을 짓누르지 않는다. 한계는 창의성의 발현을 고대하는 가설 구조물이다. 한계는 가장 독창적이고 명민하면서도 제일 뛰어난 본성을 자극하는 훌륭한 적敵일 수 있다. 한계에 깃든 우아함과 초월성, 그 유혹에 굴복하고 나서야 나는 창의력이 진리를 즉각 들이받으며 퍼뜨리는 전율을 몸소 경험했다.

아직 과학자가 되는 궤도에 오르지 않은 학창 시절의 나는 한밤중에 창밖 저 높이 보인 하늘의 대기 웅덩이로 뛰어들고팠던 갈망에 향수를 느꼈다. 설명하기 힘든 그 기분, 이 행성으로부터 이탈하길 꿈꿨던 절박한 심정이 그리웠다. 그때 나는 어디에 있든 늘 같은 하늘 아래에 있었다. 예전과는 약간 다른 관점에서 저 푸른 돔, 무척이나 밝고도 창백한 창공의 발치를 거닐다가 그곳으로 입장하길 바라기 일쑤였다. 인류가 달보다 멀리 가 본 적이 결코 없던 터라 현실에 단념한 나는 시선을 아래로 돌려 펼쳐진 책장에 맞추고는 수학을 길잡이 삼아 우리 몸이 갈 수 없는 장소로 향했다. 수학만으로는 저 우주에 무엇이 있는지 구체적으로 알지 못한다. 수학은 오직 가능한 것만 추측한다. 때로는 수학 덕분에 순수한 가능성을 탐험해 볼 수도 있다. 가능성이 제 물리적인 모습을 보여 발견되기 전일지라도.

블랙홀은 바로 그런 것이었다 — 책장 위에 순전히 수학으로만 쌓아올린 구조물. 가상의 형태로 얌전히 자리하고 종이에 찍힌 활자로 존재하며 수십 년간 검증되지 않고 또 수십 년간 인정받지 못한 채 터무니없다는 비방에 노출되어 지난 세기의 몇몇 위대한 천재에게 거부당한 존재. 은하계에서 실제 블랙홀의 물리적 증거를 발견하기 전까지는 그러했다. 고작 수천 광년 떨어진 블랙홀로 가 보자. 빛이 1년 동안 이동하는 거리인 광년은 대략 10조 킬로미터에 해당하며 평균적인 고속도로 제한속도로 운전하면 주파하는 데 1000만 년이 걸린다. 우리가 찾아간 블랙홀에서 보이는 저 노란 별에서 왼쪽으로 돌아 한 성단 쪽으로 방향을 틀어 보자. 이렇게 하늘의 발치를 배회하는 내내 우리 위는 블랙홀로 가득하다. 아래도 블랙홀이 자욱하다. 영원한 어둠을 품은 블랙홀이 하늘을 넉넉히 수놓은 별들 도처에 무수히 흩뿌린다. 거무스름한 반점들이 빈 공간에 온통 스며든 듯하다. 우리은하 중심에서 웅크린 블랙홀 주위를 우리는 돌고 있다. 안드로메다은하가 품은 다른 블랙홀에 견인되고 있다.

블랙홀 하면 떠오르는 생각에 물결이 일길 바란다. 껍질을 한 꺼풀 벗겨 내 블랙홀의 어두컴컴한 자아로 한 걸음 다가가길, 그 기묘함과 경이로운 성격에 감탄하길 바란다. 여태껏 인적이 드물었던 길로 접어들어 일련의 단순한 관찰을 따라가다 보면 지금 우리의 관심을 끌고 있는 그것에 대한 직관적 인상에 다다를 것이다. 물체는 결코 아니며 흔히 말하는 의미의 존재도 아닌 무언가에 대한 인상에.

한 친구가 나를 뉴욕으로 부른다. '블랙홀에서 살아남는 법'에 반드시 포함해야 할 사항을 논의한다. 뛰어난 과학 저술가인 그는 내가 분명히 해 주길 내심 원하고 있다. "나 정도면 블랙홀에 관해 다 알고 있는 거 아냐?"

"블랙홀이 아무것도 아니라는 건 알아?"

그는 한동안 눈 하나 깜짝 않고 생각에 잠겨 나를 바라본다. 소금이 묻은 땅콩을 연거푸 입에 던져 넣다가 씹으며 말한다. "나 지금 블랙홀에 관해 아무것도 모르는 것 같은데?" 그 깨달음에 살짝 멍해진 우리는 남은 안주를 집어먹으며 와인을 들이켠다. 보다 익숙한 것을 이야기하며.

2장

공간

무중력과 자유낙하

블랙홀은 혹독한 비난에 맞닥뜨리곤 한다. 대체로 상냥하며 실제로는 몸집도 왜소하지만 부당하게도 거대한 짐승으로 묘사되기 일쑤다. 그래도 여행을 떠나기에 앞서 철저한 조사로 위험을 가늠해 볼 필요가 있다. 따지고 보면 신중히 행동하지 않는 경우 블랙홀은 유례없는 위기를 불러올 수 있다. 이곳 지구에서 야생의 자연을 탐험할 때와 마찬가지로 블랙홀을 탐사할 때도 안전한 항행이 가장 중요하다. 어찌 됐든 당신은 블랙홀 세력권의 침입자니까.

블랙홀은 시공간의 특징인 유연성과 괴기스럽고 극단적인 변형, 터무니없는 불안정함의 소산으로 환영받지 못하는 존재였다. 그러나 솔직히 말해 오늘날의 과학자들에게는 그만치 혐오스러운 존재는 아니다. 블랙홀은 물리적으로도 이론적으로도 하나의 선물이다. 관측 가능한 우주의 가장 먼 곳에서도 찾아낼 수 있다. 블랙홀은 은하에 닻을 내리고는 우리은하의 바람개비, 어쩌면 다른 모든 별들의 섬 가운데에서 중심을 이룬다. 그리고 정신이 가닿을 수 있는 가장 먼 곳을 이론적으로 탐험하는 실험실을 제공하기도 한다. 우주에 관한 진리의 핵심을 겨냥하는 사고 실험의 장소, 그 이상적인 상상의 공간이 바로 블랙홀이다.

블랙홀을 찾는다고 해서 어떤 물체를 찾아 헤맨다는 뜻은 아니다. 블랙홀은 물체인 척할 수도 있지만 사실은 시공간의 한 장소다. 아니, 블랙홀은 시공간 자체다.

텅 빈 우주를 떠올려 보라. 그토록 무구한 장소를 보거나 경험해 본 적은 단 한 번도 없을 것이다. 모든 곳이 똑같은 광활한 무無, 광막하고 삭막하다. 그리고 편평하다. 3차원이면서도 모든 곳이 편평하다.

텅 빈 우주가 편평한 공간이라는 건 이런 뜻이다. 만일 우리가 편평한 우주 공간에 있다면 직선을 따라 똑바로 떠다닐 것이다. 이때 일상적 표현으로는 떨어지고 있다고 말하지 않겠지만, 어떤 것에도 방해받지 않는 이런 운동은 자유로운 떨어짐, 즉 '자유낙하'●라고 불린다. 로켓을 발사하지도 않고 무언가가 당기거나 밀지도 않는다면, 즉 근본적으로 오직 중력만 있다면 우리는 자유낙하를 하게 된다. 공간에 한번 몸을 맡겨 보라. 이윽고 펼쳐질 자유로운 운동을 직선으로 따라갈 수 있고 한번 평행하게 뻗기 시작한 선들이 절대 교차하지 않는다면 그 우주 공간의 기하학적 구조는 편평한 것이다.

지금 우리가 자유낙하를 하고 있을 가능성은 턱없이 낮다. 편평한 우주 공간에 있을 가능성도 굉장히 낮

● 이 책에서 저자는 자유낙하의 의미를 일반 상대성 이론의 관점에서 확장해 사용하고 있다. 자유낙하는 주로 '어떤 물체가 오직 중력만 받고 일정한 가속도로 움직이는 운동 상태'로 정의된다. 이 정의는 뉴턴의 중력 법칙의 관점에서 중력을 '힘'으로 해석한 결과다. 한편, 앞으로 저자가 자세히 설명하겠지만 아인슈타인의 일반 상대성 이론의 관점에서 중력은 힘이 아니라 '시공간의 굴곡'에 대한 물체의 반응이다. 물체는 힘을 받고 움직이는 게 아니라 굴곡진 시공간을 따라 운동할 뿐이다. 이런 관점에서 저자는 자유낙하의 의미를 물체가 아무 힘(전자기력이나 핵력 같은 힘)도 받지 않고 오직 시공간을 따라서만 움직이는 운동 상태라는 뜻으로 확장해 사용한다. 그렇다면 자유낙하는 반드시 일정한 가속도의 운동일 필요가 없다. 굴곡이 없는 편평한 시공간에서 아무 힘도 받지 않고 일정한 속력으로 움직이는 운동 또한 자유낙하로 볼 수 있다.

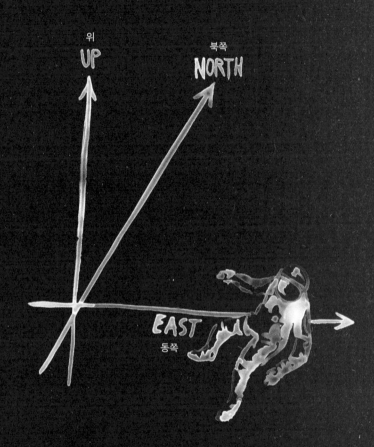

은데, 우리은하 어디에도 그런 곳은 없기 때문이다. 의자에 앉아 있다면 자유낙하를 하지 않는다. 의자가 우리를 밀어내며 낙하를 막아 줄 테니까. 바닥에 서 있다면 자유낙하를 하지 않는다. 바닥이 발을 밀어 올려 우리가 1층으로 곤두박질치는 상황을 방지할 테니까. 침대에 누워 무게를 느끼면서 흔히들 중력이 우리를 끌어당기고 있다고 말한다. 그러나 죄다 잘못 말하고 있다. 실상은 완전히 거꾸로다. 우리가 느끼는 건 중력이 아니라 몸속 원자를 밀어내는 매트리스의 원자다. 침대가 길을 비켜 주고 그다음에는 바닥, 이어서 아래층의 바닥들이 전부 길을 터 준다면 우리는 떨어지고 말 것이다. 낙하는 중력을 가장 고스란히 경험하는 방법이다. 오직 중력에 맞서 싸울 때에만 중력의 당김과 관성, 저항과 무게를 느낀다. 중력에 굴복하라. 그러면 우리를 막아서는 힘이 사라진다.

자유낙하를 생각해 보는 대표적인 무대는 바로 엘리베이터다. 아파트 엘리베이터를 타고 높이 올라가고 있다고 해 보자. 발을 들어 올리는 힘을 느낄 것이다. 발과 엘리베이터 바닥 사이에 존재하는 그 힘 덕분에 우리는 엘리베이터 안에 머물 수 있다. 이것은 물질 사이에 존재하는 힘이다. 이제 물질의 상호작용에 방해 받지 않고 순수한 중력을 느끼고 싶다면 어떻게든 엘 리베이터를 제거해야 한다. 누군가에게 부탁해 케이블 을 잘라 낸다고 해 보자. 엘리베이터가 떨어지고 우리 도 함께 낙하한다. 추락하는 동안 엘리베이터 바닥과 똑같은 속력으로 떨어지기 때문에 엘리베이터 안을 둥 둥 떠다니게 된다. 바닥 또한 낙하하고 있어 우리가 바 닥으로 곤두박질칠 리는 없다. 벽을 밀어 공중제비를 돌 수도 있다. 우주정거장의 비행사처럼 무게가 사라 진 듯 보인다. 우주비행사가 으레 그러듯이 물통에서 물을 뿌려 공중에 흩어진 물방울을 마실 수도 있다. 눈 앞에 펜과 핸드폰과 돌멩이를 놓아 봐도 역시 떠다닌 다. 아인슈타인은 무척이나 단순한 이 관찰, 떨어질 때 무중력을 경험한다는 관찰을 두고 "생애 가장 행복했 던 생각"이라고 말했다.

스포일러를 하나 하자면, 몸속 원자는 지표면의 원자와 상호작용을 하게 된다. 땅과 부딪칠 때 자유낙 하의 최후는 틀림없이 좋지 못할 것이다. 하지만 이것 이 중력의 잘못은 아니다. 우리의 뼈를 박살 내는 주범 은 원자들 사이에 작용하는 힘처럼 중력과는 다른 종류의 힘들 때문이다(만일 우리 몸이 암흑물질●로 이루어져 있다면 곧장 지표면을 뚫고 아래로 나아갈 것이다).

엘리베이터 실험은 오래 지속할 수 없다. 지구가 막아서기 때문이다. 그러니 대신 지구로부터 멀리, 우리은하로부터도 멀리 떨어진 곳에서 우리가 둥둥 떠다니고 있다고 상상해 보자. 우리와 우주복 말고는 아무것도 존재하지 않는 가상의 텅 빈 공간을 떠올려 보자. 무언가 표지로 삼을 만한 물체를 공간의 세 방향을 향해 던진다면 그 물체는 자유낙하를 할 것이다. 그 물체가 제각기 경로를 밝히는 유용한 꼬리를 남긴다고 생각해 보라. 머지않아 직선으로 이루어진 3차원 좌표축이 드러날 것이다. 이제 공간이 편평하다는 사실(자유낙하를 하는 물체가 직선을 따라 이동한다는 사실)과 우리 자신, 우주복, 표지 물체, 좌표축을 그리는 야광 꼬리를 제외하면 공간이 텅 비어 있다는 사실을 명백히 알 수 있을 것이다. 중력은 워낙 약한 힘이라 이 작은 조각들 가운데 어떤 것도 우주의 편평한 공허에 티끌만큼도 영향을 주지 못한다.

● 우주에 존재하는 전체 물질의 84퍼센트를 차지하는 물질. 나머지 16퍼센트는 양성자와 중성자, 전자로 이루어진 보통의 물질이다. 빛을 흡수하거나 방출하지 않아서 탐지하기 힘들고 보통의 물질과 상호작용을 하지 않는다. 아직 정체가 밝혀지지 않아 '암흑물질'이라는 이름이 붙었다.

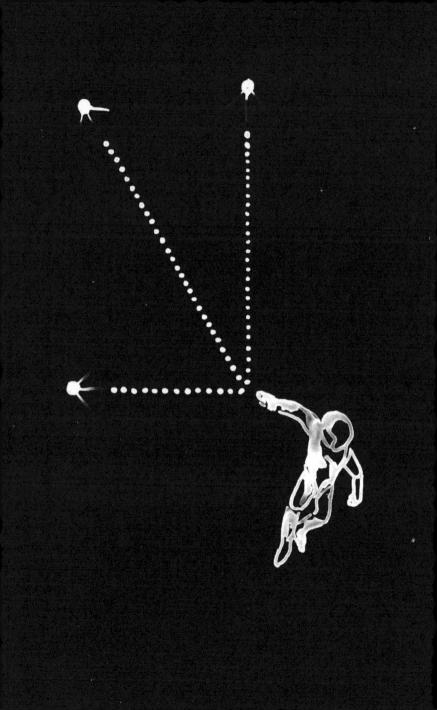

우주는 사실 공허하지 않다. 지구에 묶인 현실을 우리는 너무도 잘 안다. 지구는 태양에, 태양은 우리은 하에 속박된다. 우리은하는 이웃 은하인 안드로메다에 얽매여 있다. 두 은하는 모두 처녀자리 초은하단에 살 고 있는데, 이 초은하단은 관측 가능한 우주에 축적된 에너지 전부와 다른 모든 은하의 영향을 받는다. 그러 니 우리의 터전은 편평한 시공간도, 텅 빈 시공간도 아 니다.

우주비행사도 텅 빈 우주 공간을 떠다니지 않는 다. 그는 지구가 자전하고 태양이 부드럽게 나아가는 광경을 목격한다. 그는 무중력 상태로 우주 저편을 향 해 떨어지겠지만 흔히 궤도라고 부르는 경로를 따라 움직인다 — 지구를 둘러싼 궤도를. 지구는 태양을 휘 감은 궤도에 얹혀 움직이고 태양은 따분할 만치 까마 득하게 은하를 두르는 궤도에 올라타 전진한다. 우주 비행사의 경로는 직선이 아니다. 지구의 둘레를 따라 둥글게 구부러지는데, 지구는 태양을 휘감은 궤도에 꿰매져 있고 태양은 은하를 둘러싼 궤도에 기워져 있 다. 공허하지 않은 하늘에서 자유낙하의 경로는 곡선 이기 때문이다. 물질과 에너지의 존재로 인해 우주 공간이 휘어지니까.

휘어진 공간

우리가 편평한 공간이 아니라 휘어진 공간에서 살아간다는 사실을 알아볼 방법이 있다. 소파에 편히 누워 뭔가를 던지기만 하면 된다. 던지고 난 뒤에 남는 둥근 호弧를 지켜보라. 물체는 직선을 따라 운동하지 않는다. 물체의 경로는 공간상에서 곡선, 즉 호를 그린다. 어떤 물체를 던지든 전부 지구를 향해 휘어지는 경로를 따른다. 전 세계를 돌아다니며 물체를 던져 본다면? 국경 없는 소파에 누워 내팽개친 물체들은 모조리 땅을 향해 고개를 숙일 것이다. 그 결과를 낱낱이 기록으로 남기고 휘어진 경로를 3차원 격자로 그려서 지구를 두른 공간의 모양을 지도로 나타낼 수 있다. 그로부터 얻게 될 교훈은 이렇다. 지구는 공간의 모양을 변형한다는 것. 자유낙하의 경로를 그려서 그 모양을 지도로 만들어 낼 수 있다는 것.

지구에서 물체를 얼마나 빠르게 던지는지에 따라 자유낙하의 경로가 결정된다. 지구 쪽으로 떨어트린 렌치는 직선을 따라 곧장 아래로 향한다. 방을 가로질

러 던진 렌치는 호를 그리며 떨어진다. 렌치와 똑같은 속력과 방향으로 던진다면 자동차라고 해도 같은 호를 따라 날아간다. 렌치를 빠르게 던질수록 호가 더욱 길어지는데, 충분히 빠르게 던지면 지구가 변형한 공간의 굴곡을 벗어나 궤도에 진입한다. 여기서 더욱더 빠르게 내던지면 렌치는 지구를 영원토록 떠나 흘러가다가 목성이나 태양 같은 또 다른 천체의 굴곡에 붙들려 느닷없이 다른 경로로 굴러갈 것이다.

행성은 태양 주위에서 떨어지고 있다. 그 추진에는 어떤 동력도 필요치 않다. 태양에서 불어오는 태양풍을 가르며 타원을 그리면서 나아간다. 지구는 태양 주위를, 달은 지구 주위를 돌며 자유로이 낙하한다.

우리가 궤도에 욱여넣은 하고많은 인공물은 그저 자유낙하 경로를 따를 뿐이다. 발사된 우주선이 목표 지점에 도달하면 엔진을 멈춰서 태양 또는 지구 둘레의 궤도를 따라 영원히 떨어지게 한다. 우주선의 작동을 관리하는 일부 임무수행 비행사는 우주 비행체를 설계할 때 추력기를 탑재하는 것에 반대한다. 예산이 부족하다는 이유로 우주국이 그 지원금 덩어리 인공위성을 궤도에서 이탈시켜 대기권에서 소각하는 일을 방

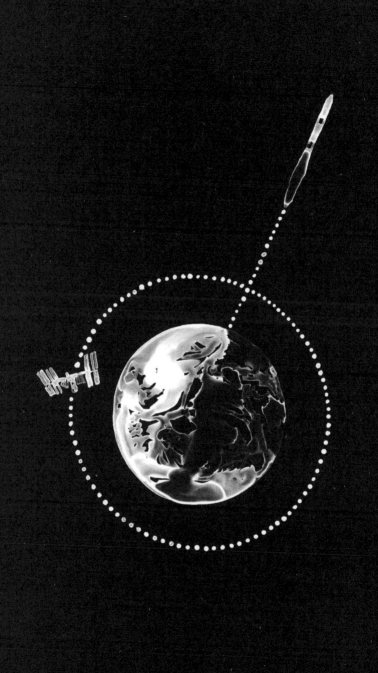

지하기 위해서다. 수명이 다한 인공위성은 우주 공간을 떠도는 쓰레기가 되어 태양계의 일생 동안 유령처럼 궤도를 맴돈다.

국제우주정거장●도 지구 둘레를 자유로이 낙하하고 있다. 정거장의 우주비행사들이 떠다니는 이유는 불운한 처지의 엘리베이터 탑승자처럼 떨어지고 있기 때문이지, 지구가 가하는 중력 효과를 느끼지 못하기 때문은 아니다. 그들도 중력 효과를 느낀다. 우주정거장은 고작해야 수백 킬로미터 상공에서 떠다니는 탓에 지구의 영향을 무척 크게 받는다. 중력 효과는 우주 공간의 굴곡진 모양으로 추적되며, 국제우주정거장은 그러한 자연적인 굴곡을 따라 끊임없이 떨어지면서 원 궤도를 돈다. 시속 2만 8천여 킬로미터의 속력으로 운동하는 우주비행사와 정거장은 90분마다 한 바퀴를 완주하며 햇빛을 피해 지구의 그림자로 숨었다가 다시금 태양의 광휘와 마주한다. 떨어지는 동안 더없이 빠르게 움직여 지구의 대기를 늘 무사히 통과하는 덕분에 결코 지표면에 충돌하지 않는다.

아인슈타인의 가장 행복했던 생각(공간에서 무중력 상태로 떨어진다는 것)과 무척이나 평범한 관찰(지

● 세계 각국이 참여하여 1998년부터 건설하기 시작해 2011년에 완공한 우주정거장. 현재 400여 킬로미터 상공에서 지구 주위를 맴돌며 각종 연구를 진행하고 있다.

구를 뒤덮은 소파라는 유리한 위치에서 던진 물체)로부터 우리는 '우주 공간에서의 자유낙하 경로는 곡선'이라는 결론에 도달한다. 중력은 휘어진 시공간이다. 바로 이 통찰이 아인슈타인이 이룩한 가장 위대한 성취였다.

검소하고 꾸밈없는 사고 실험, 그 순진한 경이로부터 아인슈타인은 단순성을 향한 대담무쌍한 헌신을 보여 주었다. 아인슈타인은 초등학교에서 중력을 설명하는 표준 방식을 자신이 이해하지 못한다는 것을 깨달았다 — 지구는 어떻게 닿지도 못하는 달을 끌어당길 수 있을까? 아인슈타인을 비롯해 중력을 이해하는 사람은 아무도 없었지만 당대의 과학자들은 실패의 심각성을 인지하지 못했거나 잠시 멈춰서 그 의미를 숙고해 볼 생각이 없었다. 자신이 중력을 이해하지 못한다는 사실을 받아들인 덕분에 아인슈타인은 당시에 정설로 인정받았던 실재의 근본적 측면에 이의를 제기할 수 있었다.

그때까지는 중력을 한 물체가 다른 물체에 작용하는 힘, 실제 접촉을 필요로 하지 않는 불가사의한 힘으로 간주하는 것이 일반적이었다. 아인슈타인이 나타난

이후로 중력을 설명하는 언어가 완전히 탈바꿈했다. 중력은 '휘어진 시공간'으로 표현되었다. 지구가 어떻게 닿지도 못하는 달을 끌어당길 수 있냐고? 그렇지 않다. 지구는 달을 잡아당기지 않는다. 힘을 작용하지도 않는다. 그 대신 우주 공간을 구부린다. 그러면 달이 자유롭게 굴러떨어진다.

블랙홀은 공간이다

블랙홀에서 멀리 떨어진 곳이라면 블랙홀 주위의 굴곡진 공간은 태양이나 달 혹은 지구 둘레의 굴곡과 다르지 않다. 다음 날 블랙홀이 태양의 자리를 차지하더라도 지구의 궤도는 변함없을 것이다. '블랙홀 태양' 주위에서 우리가 타고 갈 굴곡은 실제 태양 둘레에서 타고 갈 굴곡과 흡사하다. 물론 해가 저물 때마다 드리우는 황혼은 세상에 종말이 온 듯이 선득하고 우중충할 것이다. 그래도 우리의 궤도는 무사하다.

지구는 태양으로부터 평균 1억 5천만 킬로미터쯤 떨어져 있고 태양의 지름은 약 140만 킬로미터에 달한다. 한편 블랙홀은 질량이 태양과 똑같다면 지름이 6킬로미터에 불과하다. 무엇이든 전부 게걸스레 먹어 치운다는 악명이 무색하게 블랙홀에 제법 가까이 다가가도 태양에 접근하는 것보다 무탈하다. 오직 각각의 중심으로부터 수백 킬로미터 이내로 진입한 뒤에야 블랙홀과 태양 주변 공간의 극단적 차이를 알아차리게 된다. 물론 태양에 그만큼 가까이 가면 모조리 불타 버리고 만다.

태양 내부의 플라스마를 뚫고 나아갈 수 있다면 중력은 점점 약해진다. 중심에 가까이 접근할수록 우리 뒤에 태양의 질량이 더 많이 남기 때문이다. 태양 대기의 내부에서 굴곡진 공간은 우리 앞에 남은 질량이 감소하면서 점차 완만해진다.

반면 블랙홀은 아무리 가까이 다가가도 중력의 원천이 전혀 줄어들지 않는다. 굴곡이 가팔라질 뿐이다. 블랙홀은 특별하다. 우리 뒤편에 질량을 조금도 남겨 두지 않기 때문이다. 모든 질량이 앞쪽에 밀집되어 있는 셈이다. 언제나 그렇다. 우리는 블랙홀의 중심을 향해 무한히 가까이 다가갈 수 있고 여전히 앞쪽의 모든 질량을 느낄 수 있다.

야단스러움과는 거리가 먼 블랙홀로부터 안전거리를 유지하라. 그러면 갈기갈기 찢기거나 집어삼켜질 일은 절대로 없다. 흔히 묘사되는 것처럼 블랙홀은 재앙을 몰고 오는 '파멸의 엔진'이 아니다. 적어도 무모할 만치 가깝게 접근하기 전까지는, 돌아올 수 없는 강을 건너 명백히도 참혹한 광경이 펼쳐지기 전까지는 말이다. 블랙홀을 향해 대담하게 몇 걸음 내딛는다 해도 그곳에 우주정거장을 설치하고 엔진을 끄고는 불과 몇 시간이면 완주할 안정적인 궤도를 따라 자유로이 낙하할 것이다. 경치를 만끽하는 일만 남았다, 보급 물자만 넉넉하다면.

3장   지평선

빛도 떨어진다

부지불식간에 블랙홀과 조우할지 모르니 조심하는 것이 좋다. 표지로 삼을 만한 빛이 없다면 블랙홀은 전혀 보이지 않는다. 그저 어둠을 등진 어둠일 뿐이다. 그러니 안전한 운명을 확보하기 전에 위협을 알아채지 못하는 것도 무리는 아니다. 블랙홀은 어둑한 원반이자 찬연한 세상의 공백이다. 강력한 광원이 있어야만 이 은밀한 블랙홀을 역광 속에서 드러낼 수 있다.

빛도 공간에서 살아가며 경로를 따라 움직인다. 소파에서 손전등을 비춰 봐도 빛이 지구를 향해 떨어지는 것을 알아차리진 못한다. 직선을 따라 움직이는 것처럼 보일 테니까. 하지만 경로는 완벽한 직선이 아니다. 공간에 굴곡진 빛의 경로가 거의 꺾이지 않는 이유는 고유한 속력 때문이다. 빛은 오로지 한 속력, 광속으로만 나아간다. 우주의 제한속도인 광속으로 발사되는 빛의 자유낙하 곡선은 보다 느린 물체의 곡선보다 곧게 뻗어 있다. 그러므로 지구의 중력이 빛의 경로에 부여하는 굴곡은 한층 더 미세하고 곧으며 감지하기 어렵다.

휘어진 빛은 아인슈타인의 일반 상대성 이론을 처음으로 검증해 볼 계기를 선사했다. 1919년 5월 29일, 달이 태양을 가려 준 덕분에 가느다란 빛줄기가 히아데스성단에서 날아와 영국의 천문학자 아서 에딩턴의 망원경 속으로 떨어졌다. 시야를 방해하는 태양 광선이 가려져 히아데스의 어렴풋한 이미지를 수집할 수 있었다. 지구에서 보았을 때 히아데스는 일식이 일어나는 동안 태양 바로 뒤에 자리 잡고 있었다. 만일 빛이 직선을 따라 이동한다면 히아데스가 발하는 그 어떤 광휘도 지구에 당도하지 못했을 것이다. 성단이 온 방향으로 뿜어낸 광선 가운데 지구로 곧장 향하던 빛

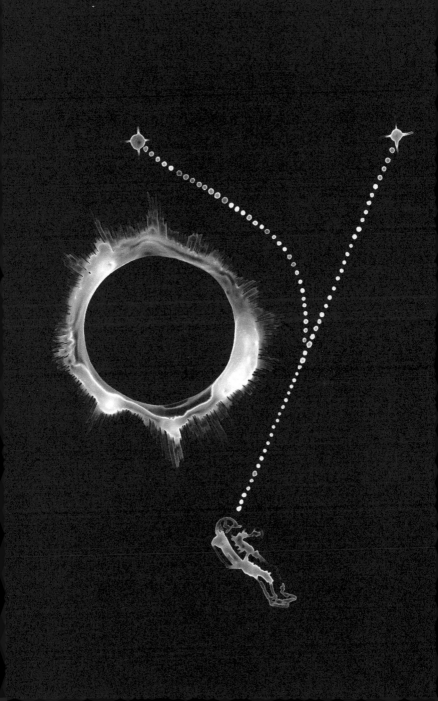

은 태양에 처박히기 때문이다. 반면 상대성 이론이 예측한 휘어진 경로를 따라 빛이 이동할 경우 태양은 마치 렌즈처럼 히아데스의 상을 우리 쪽으로 구부릴 것이다.

　　태양이 달에 완전히 가려지는 개기일식은 그날 극히 좁은 지역에서만 관측되었다. 동틀 무렵 브라질을 관통하고, 지구가 자전함에 따라 대서양을 가로질러 해가 질 때쯤 아프리카로 건너갔다. 해돋이와 해넘이 사이에 아무리 관측하기 좋은 장소에서 보더라도 개기일식은 7분도 채 이어지지 않는다. 제1차 세계대전이 끝난 지 겨우 6개월 뒤였다. 아프리카 서해안의 작은 섬 프린시페에서 에딩턴의 원정팀은 하늘을 뒤덮은 짙은 구름과 폭우가 지나가고 태양이 그 사이로 모습을 비추길 기다렸다. 일식은 이미 시작되고 있었다. 태양 뒤편에 자리한 성단을 망원경으로 포착함으로써 원정팀은 (일부 모호한 관측 자료는 얼버무리고 넘어갔지만) 태양을 비껴가는 직선이 아니라 지구의 아프리카로 굴절된 곡선을 따라 성단의 빛이 이동했다는 사실을 증명했다.

　　에딩턴은 프린시페 일식 탐사로 얻어 낸 사진 건

판을 적도 부근 브라질로 원정을 갔던 또 다른 팀의 사진 건판과 함께 분석하여 발표했다. 에딩턴의 발표가 대서특필됨에 따라 영어권 세계에서 아인슈타인의 명성이 단번에 드높아졌다. 에딩턴은 전쟁이 불러일으킨 정치적 적대감과 민족주의를 초월한 발견을 전달하는 가교가 되었다. 아인슈타인은 얼마 전까지 철천지원수였던 나라의 국민이었지만 에딩턴은 일부 동료와 달리 그의 성취를 깎아내릴 생각이 전혀 없었다. 독일에서 태어난 아인슈타인과 영국 출신의 에딩턴. 전쟁의 그림자에서 벗어나 달의 그림자로 들어서면서 같은 지구의 시민이 되었던 그들 모두는 인류의 위대한 성취인 상대성 이론이 도래했음을 널리 알렸다.

에딩턴은 태양 주위에서 미세하게 굴절된 빛의 경로가 얼마나 휘었는지 측정했다. 블랙홀이라면 하나같이 바깥에 굴곡진 공간을 형성하는데, 경사가 너무도 가팔라서 빛이 원형 궤도를 그리며 블랙홀 둘레로 떨어질 수 있다. 우주비행사처럼 제트팩 추진기를 등에 메고 빛이 원형 궤도를 그리는 곳으로 가서 주위를 맴돌자. 블랙홀로 떨어지지 않도록 엔진을 가동해야 한다. 그곳에 도착하는 대로 손전등으로 얼굴에 빛을 비

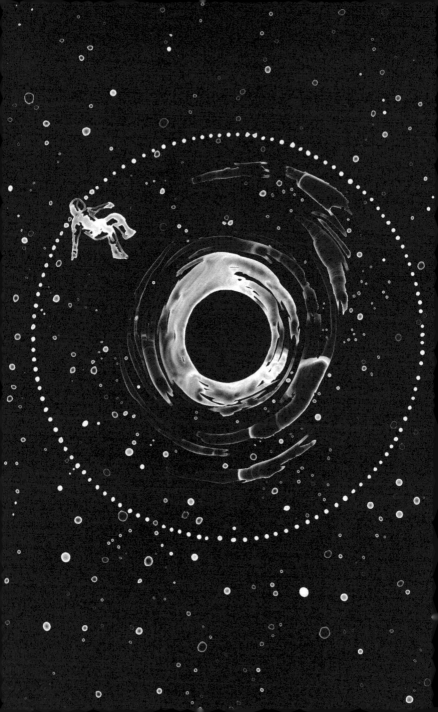

취 보자. 얼굴이 빛의 일부를 반사해 만들어 낸 상은 궤도 반대 방향으로 돌아 뒤통수로 향할 것이다(빛을 반사하지 못하면 우리는 투명해진다). 1만분의 1초가량만 기다리면 뒤통수에서 반사된 빛이 다시 원을 그리며 돌아와 눈에 안착한다. 결국 우리는 눈앞에 떠다니는 뒤통수를 보게 된다.

블랙홀에 어느 정도 가까워지면 굴곡이 더욱 가팔라지고 자유낙하는 한층 더 빨라진다. 추락을 막기가 더욱더 힘들어진다. 블랙홀의 굴곡에서 벗어나고자 충분한 속력에 도달할 때까지 가속하려면 상당한 양의 연료를 탑재해야 한다. 미국의 케이프 커내버럴 공군기지에서 발사된 로켓이 지구를 벗어나려면 초속 11킬로미터보다 빨라야 한다. 달에서 탈출하려면 초속 2.5킬로미터면 되는데, 달은 반지름 대비 질량이 지구보다 작기 때문이다. 태양에서 탈출하려면 초속 600킬로미터를 훨씬 넘어야 한다. 뜨거운 태양 대기를 이온 입자들의 바람으로 뿜어내는 플라스마 기둥보다 빨라야 한다는 뜻이다.

블랙홀로 곤두박질치지 않으려면 가까이 다가갈수록 우주선을 더 빠르게 몰아야 한다. 블랙홀을 둘러싼 텅 빈 공간에서는 그 중심을 향해 얼마간 다가갈 수 있지만, 특정 지점에 진입하는 순간에는 추력기의 성능이 월등히 좋더라도 굴러떨어지는 상황을 모면할 수 없다. 그 상황에서 탈출하려면 초속 30만 킬로미터에 달하는 광속보다 빠르게 이동해야 한다. 그 무엇도 빛보다 빨리 움직일 수는 없기에 결국 탈출은 실패로 돌아간다. 탈출은 불가하다. 우리의 운명은 돌이킬 수 없는 추락이다.

탈출 속도가 광속에 이르는 이 특별한 장소가 바로 그 악명 높은 '사건의 지평선'을 규정한다. 다시 말해 "그 너머로는 빛조차 빠져나올 수 없는 지역"이 사건의 지평선이다. 나는 방금 출처가 모호한 구절을 인용했는데, 모두들 한결같이 토씨 하나까지도 똑같이 사용하기 때문이다. 다들 언젠가 한 번쯤은 해 본 말일 것이다. "그 너머로는 빛조차 빠져나올 수 없는 지역." 나도 이 가이드북을 시작하면서 비슷한 표현을 사용했다.

빛은 정확히 사건의 지평선에서 반짝이며 그곳을 맴도는 것처럼 보인다. 도저히 거스를 수 없는 공간의 폭포에 맞서는 물고기처럼 일정한 속력으로 움직이면서도 여전히 탈출하지 못한다. 살짝만 건드려도 빛은 싸움에서 패배하고 곧장 블랙홀로 떨어진다.

사건의 지평선은 블랙홀이 그림자를 드리운 영역이다. 사건의 지평선을 넘어서는 모든 것은 바깥에서 보았을 때 영원히 소실된다. 외부에서 본 블랙홀은 칠흑같이 어둡다. 검기에 블랙홀인 것이다. 그림자 안으로 떨어지더라도 물질로 이루어진 물리적 외양은 결코 발견할 수 없다. 그저 텅 빈 어두컴컴한 공간으로 곤두박질칠 뿐이다. 나무의 그늘 속으로 걸음을 옮기는 것만큼이나 전혀 특별할 것 없는 이행의 순간에 지나지 않는다.

블랙홀의 본질은 사건의 지평선, 즉 사건과 인과관계를 가차 없이 가르는 경계다. 사건의 지평선 안에서 일어나는 사건은 바깥에는 절대로 영향을 미칠 수 없으며 무엇이든 지평선 외부로 빠져나가는 것을 용인하지 않는다. 반대로는 가능하다. 사건의 지평선 밖에서 발생하는 사건은 지평선 안으로 옮겨 올 수 있다. 블랙홀의 바깥 세계는 안쪽 세계에 영향을 끼친다. 밖에서 본 블랙홀은 어둡기 그지없지만 안에서는 그야말로 바깥이 훤히 내다보인다.

선택의 여지가 있다면 가급적 큰 블랙홀에 떨어지는 게 좋다. 거대한 블랙홀에 견주어 작디작은 우리는 사건의 지평선의 굴곡진 공간을 십중팔구 알아차리지 못한다. 지구 겉면은 휘어져 있다. 만일 우리가 농구공 위에 서 있다면 지구 전체의 곡률보다 발아래의 곡률이 더 뚜렷하게 보일 것이다. 블랙홀의 크기가 클수록 공간의 굴곡진 정도를 느끼기가 어려워진다. 그렇다면 우리의 발과 머리는 거의 함께 떨어질 수 있다. 블랙홀이 너무 작을 경우 발과 머리가 지평선을 넘어 추락하는 경로가 어긋나 크나큰 위험에 처하게 된다. 머리에서 달아나지 않게 결합 조직이 발을 붙들겠지만 끝끝내 버티던 인대가 끊어지면서 제법 섬뜩한 결과가 닥치고 만다. 하지만 거대한 블랙홀의 지평선을 넘어가는 것은 전혀 문제가 없다.

그렇다면 우리는 그림자를 가로질러 떨어져도 얼마간은 살아남을 수 있다. 다시 빠져나올 방도는 없지만 말이다. 일단 블랙홀로 들어가면 언젠가는 가루가 되는데, 이 주의해야 할 사건에 관해서는 나중에 자세히 살펴보겠다.

태양의 중심 가까이로 떨어질지라도 원리적으로

는 중력의 끌어당김에서 벗어날 수 있다. 다만 블랙홀에 빠졌을 때와 마찬가지로 명백한 최후가 도사리고 있다. 핵반응으로 들끓는 태양 핵의 용광로 속에서 불타 버리고 말리라. 적어도 블랙홀로 향한다면 중심에서 100만 킬로미터 거리까지 다가가도 살아남을 수 있다. 원리적으로는 그렇다.

태양급 질량의 블랙홀로 떨어지면 보통은 100만 분의 1초도 안 걸려 파멸을 맞는다. 반면 질량이 수조 배나 큰 블랙홀에서는 기대 수명이 1년으로 늘어난다. 경험을 곱씹을 만큼 오래 살아남을 작정이라면 이처럼 거대한 블랙홀로 향하는 것이 좋다. 하지만 죽음의 순간이 지연되길 바라지 않을지도 모른다. 한번 시작하면 도저히 막을 수 없는 탐사에 대한 수긍할 만한 예측, 그로부터 일어나는 실존적 공포와 정신을 좀먹는 의혹을 견딜 수 없다면.

찬연한 빛이 배경에 펼쳐져야만 보이는 빈틈없이 어두운 그림자에 접근하고 있다면 주의하자. 무슨 수를 써서라도 피해야 한다. 안전거리를 유지하자. 너무 근접하면 빠져나오기 위해 우주의 연료를 전부 끌어다 써야 한다. 심지어 이조차 충분치 않다. 작은 그림자가 근처에 있는지, 큰 그림자가 멀리 있는지 가늠하기란 쉽지 않다. 그림자에 들어선 우리는 시공간에 갈기갈기 찢긴 채 악명 높은 특이점singularity 근처에서 흔적도 없이 소멸한 인류 최초의 인간이 될 것이다. 특이점은 블랙홀 중심에 뚫린 실제 구멍이자 시공간의 천이 찢어진 틈이다. 그 안으로 떨어지면 소멸만이 기다릴 뿐이다. 그저 관찰할 수 있다는 것을 위안으로 삼자, 오직 우리만 아는 사실이겠지만. 그 어떤 정보도 블랙홀을 벗어나 보금자리로 돌아오지 못한다. 소멸의 기록은 우리와 함께 모조리 망각의 뒷전으로 사라질 테니.

4장 아무것도 아닌 것

블랙홀은 물체가 아니다. 사실상 아무것도 아니다.

블랙홀은 아무것도 없어 삭막한, 오롯이 텅 빈 시공간이다 ─ 원자도 빛도 끈도, 어둡거나 밝은 입자도 없다. 그저 텅 빈 공간일 뿐이며 물리학자들의 은어로는 진공이라고 한다.

블랙홀의 형성 과정에 관한 묘사를 들어 본 적이 있을 것이다. 대체로 이렇게 전개될 터다. 물질을 극도로 좁은 부피에 욱여넣어 밀도가 엄청나게 커지면 블랙홀이 만들어진다고. 맞는 말이다. 물질을 압축하는 것은 블랙홀을 만드는 하나의 방법이다. 생애 마지막 순간에 이른 무거운 별은 제 무게를 견디다 못해 붕괴하고, 곧이어 구성 물질이 오그라들면서 밀도가 급격히 치솟다가 결국 블랙홀이 탄생한다. 하지만 별의 붕괴가 블랙홀을 형성하는 유일한 메커니즘은 아니다. 고밀도로 짓눌린 물체가 블랙홀과 같은 뜻이라고 흔히들 오해한다. 하지만 그건 블랙홀의 본질이 아니다. 블랙홀은 물질이 아니다.

이게 무슨 뜻일까? 별이 붕괴하는 장면을 떠올려 보라. 그 뜨거운 물질의 공으로 인해 시공간이 휘어진다. 별이 압축되면서 바깥 공간의 굴곡이 점점 더 심해진다. 물질의 밀도가 높아질수록 겉면의 수축이 강해지고 바깥의 굴곡도 격해진다. 플라스마가 별에서 튀어 올라 밖으로 탈출하려면 더욱더 빠르게 솟아올라야 하는데, 별이 극도로 빽빽해지면서 탈출 속도가 광속에 이르면 더는 소용이 없다. 그렇게 사건의 지평선이 형성된 뒤로는 아무것도, 심지어 별빛마저 다시는 빠져나올 수 없다.

별의 붕괴는 계속되고 사건의 지평선은 시공간에 영원한 자국으로 남는다. 제 중심을 향한 끊임없는 별의 추락, 이 내부로의 폭발은 걷잡을 수 없다. 사건의 지평선을 이루던 물질은 사라지고, 텅 빈 공간 그리고 사건의 지평선만이 남는다.

사실상 사건의 지평선이 블랙홀이나 다름없다. 사건의 지평선은 내부를 은폐한다. 블랙홀 내부의 사실은 바깥의 우주로 결코 전달될 수 없다. 내부의 사실에 관한 그 어떤 정보도 밖으로 빠져나가는 것을 사건의 지평선이 용납하지 않기 때문이다. 별을 구성하던 물질은 그렇게 의미를 잃는다. 사건의 지평선 형태로 남은 흔적을 제외하면.

고밀도로 붕괴한 물질이 바로 블랙홀이라는 막연한 관념은 버리는 게 좋다. 삭막한 사건의 지평선, 휘어진 텅 빈 시공간, 희박한 진공. 블랙홀이란 이런 것이다. 천체물리학자라는 별난 직업을 갖도록 나를 홀린 무無의 존재다.

지금까지 나는 블랙홀의 겉치장을 벗겨 내 깊은 속내, 근본적 핵심을 밝히려 애썼다. 장엄한 진공, 텅 빈 현장, 극도로 희박한 무대. 그보다 소박할 수 없으면서도 무대에 배우들이 들어서면 극적인 드라마가 펼쳐진다. 공간상의 한 장소인 블랙홀은 제 울타리 안에 비밀을 간직하고 있다. 한 장소이면서도 물체처럼 행동할 수 있다. 텅 비었음에도 질량을 가졌으니.

블랙홀의 질량을 이야기하면서 그곳에 아무것도 없다고 말한다면 교묘한 속임수처럼 들릴 것이다. 아무것도 없는데 어떻게 질량을 가질 수 있는지 의문을 품음 직하다. 원래 있던 별은 사라졌지만 별의 질량과 동등한 양의 에너지는 블랙홀로 전해진다. 실제 물질로 이루어져 통상적 의미의 질량을 가진 별은 붕괴하면서 제 무게를 공간에 각인해 그와 동등한 중력의 끌림을 남긴다.

으스러진 물질의 보이지 않는 흔적인 잔해를 내부로 폭발한 천체가 사건의 지평선 깊숙이 형성하는 방법을 찾아낼 수 있을까? 그렇다면 실제로는 어딘가에 남아 있을 물질과 블랙홀의 질량을 전통적인 물리학에 기대어 연결할 수 있을지도 모른다. 하지만 이러한 해석은 오해의 소지를 안기고 중요한 문제를 그냥 지나치게 한다. 블랙홀은 잔해가 아니다. 설령 모종의 잔해를 품 안에 숨기고 있다고 해도 마찬가지다. 밖에서 본 사건의 지평선은 추락한 물질의 운명에 모호함의 장막을 드리운다. 따라서 그 물질이 소멸했든 잔해로 살아남았든 다른 우주에서 삶을 누리든 간에 블랙홀이 실제로 어떤지는 도저히 분간할 수 없다.

이처럼 형성에 사용된 물질이 전부 사라졌다고 해도 블랙홀은 질량을 가진다고 말할 수 있다. 블랙홀은 질량을 가진 물체와 상당히 비슷하게 행동한다. 무거운 물체가 만든 휘어진 경로를 따라 마치 질량을 지닌 물체처럼 떨어질 수 있다. 별과 은하, 심지어 다른 블랙홀 주위의 궤도를 돈다. 끌리거나 밀리기도 하며 관성이 강할수록, 즉 질량이 클수록 그 영향을 덜 받는다. 따라서 블랙홀을 형성한 무거운 물체가 내부로 빨려 들어가 소멸될지언정 질량의 관점에서 블랙홀을 서술할 수 있다.

일반 상대성 이론 연구에 몰두했던 미국의 저명한 상대론자 존 아치볼드 휠러는 1967년의 강연에서 이런 말을 남겼다. "[그 별은] 체셔 고양이처럼 자취를 감춥니다. 체셔 고양이는 오직 미소만을 남기고 별은 중력의 끌림만을 남기죠. (……) 빛과 입자는 (……) 블랙홀로 떨어집니다." 이 발언으로 휠러는 '블랙홀'이라는 용어를 물리학자들의 어휘 사전에 끼워 넣었다. 블랙홀의 수학적 서술이 최초로 등장한 지 50여 년이나 지난 시점이었다.

이것만은 반드시 기억하라. 사건의 지평선은 텅 비어 있다. 블랙홀은 물체가 아니다. 사실상 아무것도 아니다.

우리가 우주 공간에 홀로 남은 우주비행사라고 상상해 보자. 행성도 우주선도 보이지 않는다. 멀리서 빛나는 별도 없다. 그 어떤 광원도 존재하지 않는다. 마음에 그려 보라. 슬며시 압도하는 두려움, 우주 공간의 적막함, 유영의 묘한 감각, 무수한 별들 사이에 말없이 들어앉은 어둠.

블랙홀이 거대하다면 사건의 지평선을 통과해도 그다지 극적인 여행이 펼쳐지진 않는다. 고통을 느끼지도 않는다. 표면에 충돌하는 일도 없을 것이다. 가슴을 옥죄는 어둠을 제외하면 사건의 지평선을 횡단하는 여정은 그야말로 편안하기 그지없다. 무겁게 드리운 그림자를 가로질러 그 안에서 목격할 무無는 밖에서 보았던 무와 다르지 않다. 어디가 안이고 어디가 밖인지도 모를 것이다. 내부의 지형을 밝혀 주는 빛 없이는 빈틈없는 깜깜절벽 속에서 방향 감각을 잃고 만다. 블랙홀로 떨어져도 당분간은 살아남을 수 있다. 미래에 닥칠 암울한 전망을 알지 못하는 그 당분간이 찰나라는

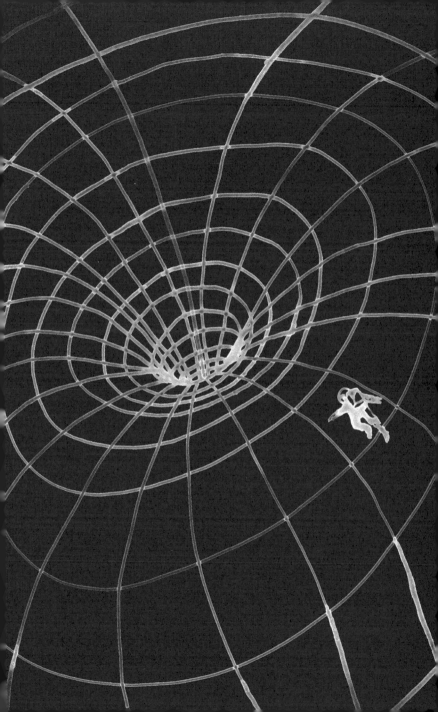

것이 문제다. '아무것도 아닌 것'은 우리가 맞닥뜨릴 수 있는 최악의 것이다. 사건의 지평선을 조심하라. 텅 빈 공간은 한번 건너면 영영 벗어날 수 없다.

5장

시간

지금까지 나는 '휘어진 시공간'의 대용어로 '휘어진 공간'이라는 표현을 아무렇지도 않게 사용했다. 하지만 블랙홀은 주변의 공간을 변형하는 동시에(내부의 공간은 급격하게 뒤틀린 채 사건의 지평선 뒤로 숨어 버린다) 시간을 변형하기도 한다.

실험을 하나 해 보자. 우리는 밀폐되어 바깥과 단절된 어두운 엘리베이터 안에 갇혀 있다. 케이블이 막 끊어진 참이다. 여기가 어디인지, 어떻게 왔는지 알 도리가 없다. 주변을 살펴보기로 마음을 먹는다. 세상에 대한 경험은 특별할 것 없다. 텅 빈 우주에서처럼 둥둥 떠다닌다. 어느 시계든 예상대로 시간이 흘러간다. 편평한 우주 공간에서 자유낙하를 하는 중이라고 잠시 짐작할 수도 있겠다. 하지만 창문을 열어 멀찍이 다른 엘리베이터에 갇혀 떨어지는 사람들을 보게 된다면 그들과 우리 모두 한 중심을 향해 모여들고 있다는 걸 알아차릴 수 있다. 그렇게 우리는 블랙홀 주변의 공간이 사실은 휘어져 있었음을 알게 된다. 우리 시계의 시간이 다른 이들의 시계와 다르게 흘러간다는 것도 눈치챌 수 있다.

우리가 공간과 시간을 측정한 결과는 다른 곡선을 따라 이동하는 사람들의 측정 결과와 일치하지 않는다. 왜냐고? 공간의 측정과 시간의 측정은 상대적이기 때문이다.

상대성 원리

유서 깊은 상대성 원리는 물리 법칙의 정체를 폭로하는 안내자가 되어 왔다. 상대성 원리에 따르면 자연법칙은 자유낙하 중인 모든 관찰자에게 똑같은 모습으로 보여야 한다. 이와 어긋나는 강력한 이유가 자연에 없는 이상 말이다. 이 단순한 원리는 수차례 검증된

참된 사실이다. 진실을 가리키는 합리적 이정표로서의
지위가 단 한 번이라도 흔들린다면 엄청난 결과가 닥
칠 것이다. 하지만 지금까지는 물리학의 설계자들을
실망시킨 적이 없다.

상대성 원리의 가장 간단한 예는 왼쪽이 상대적이
라는 것이다. 우리가 마주보고 있다면 나의 왼쪽은 당
신의 오른쪽이다. 도대체 어느 쪽이 왼쪽일까? 우리가
어느 방향을 왼쪽으로 정하느냐에 따라 자연법칙이 달
라질 리는 없다. 왼쪽과 오른쪽에서 자연법칙이 다르
다면, 일례로 원자의 무게가 오른쪽보다 왼쪽에서 더
무겁다면 정말이지 어불성설일 것이다. 누구의 왼쪽이
란 말인가? 왼쪽을 선택할 특권을 거머쥔 운 좋은 사람
이 도대체 누구일까? 특정인의 왼쪽을 선호하는 기본
원리가 존재하지 않는다면 자연은 누군가의 왼쪽을 다
른 사람의 왼쪽보다 선호하지 않을 것이다.

갈릴레오도 상대성 원리에 관해 숙고했지만 우리
에겐 우주여행의 혜택을 누리며 더욱 명쾌한 사고 실
험을 해 볼 기회가 있다. 갈릴레오는 지구를 배경으로
상대성을 논의했는데, 그러면 상황이 훨씬 혼란스러워
진다. 아인슈타인은 움직이는 기차에서 상대성을 고려

했지만 역시나 문제가 지나치게 복잡해진다. 논의에 방해가 되는 지형지물을 우주 공간에서는 더 많이 제거할 수 있다. 아니, 모조리 없애 버릴 수 있다. 바로 이게 우리가 더 유리하다고 말한 이유다.

텅 빈 우주에 홀로 있다고 상상해 보라. 별도 행성도 우주선도 없다. 이곳에 어떻게 왔는지는 상관없다. 오직 당신, 당신뿐이다. 나름의 방향 감각을 따라 이렇게 물을 수 있다. 어느 쪽이 위쪽일까? 오른쪽은? 특정한 방향을 고를 물리적 이유가 없으므로 자신의 결정을 너무 고집하지 않는 게 좋다. 결정은 우리의 몫이지만 또한 임의적이다. 자연은 어느 쪽이 위쪽인지 전혀 신경 쓰지 않는다.

이번에는 당신이 움직이고 있는지 여부를 결정해 보자. 똑같이 답해 볼 수 있겠지만 좀 더 확신이 없을 것이다. 그 답에 당신의 실존이 달려 있다. 어떻게 알 수 있을까? 유유히 떠다니고 있을까? 광속에 가까운 속력으로 질주하고 있을까? 알 도리가 없다. 피부를 경쾌하게 스치고 지나가는 공기는 없다. 당신이 들이쉬는 공기는 헬멧에 갇혀 있을 뿐이다. 운동 여부를 밝혀낼 수 있는 물리 실험은 정말로 존재하지 않는다. 답을

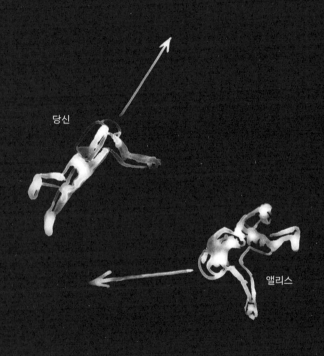

알아낼 수 없다는 게 아니다. 질문에 대한 답이 존재하지 않는다는 뜻이다. 더 엄밀히 말해서 질문 자체가 무의미하다. 어떤 운동이 절대적이라는 말은 특정 방향이 왼쪽이라고 하는 것만큼이나 임의적이다.

이제 앨리스라는 또 다른 우주비행사가 있다고 해 보자. 홀로 유영하던 당신은 앨리스가 거꾸로 뒤집힌 채 오른편을 스쳐 가는 모습을 지켜본다. 앨리스의 운동 방향은 당신 기준에서 뒤쪽이라고 가정하자. 앨리스의 기준에서는 당신이 거꾸로 뒤집혀 뒤쪽으로 이동하고 있다. 당신과 앨리스 둘 다 위쪽과 왼쪽을 서로 반대 방향으로 지정했다는 점에 특별히 이의를 제기하지 않을 것이다. 한 선택이 다른 선택보다 더 가치 있다고 볼 수 없으니. 하지만 바로 이 지점에서 당신은 더 중대한 개념 하나를 고려해야 한다. 당신과 앨리스, 둘 중 누가 움직이고 있을까? 당신은 앨리스가 움직이고 있다고 말할 것이다. 앨리스는 당신이 움직이고 있다고 말할 것이다. 하지만 두 우주비행사 중 한 명만 선택할 수 있는 물리 법칙은 없다. 그런 특권을 가진 자는 아무도 없다. 아무도 움직이지 않는다. 아무도 위쪽을 가리키지 않는다. 아무도 왼쪽을 쳐다보지 않는다.

갈릴레오는 이런 운동이 상대적이라는 사실을 알아보았다. 더 정확히 말하면, 누군가 운동하는 내내 속력과 방향이 일정하고 가상의 텅 빈 우주에서 자유낙하 경로를 따르는 한 그가 절대운동을 한다고 결정지을 방법은 없다. 절대운동이란 없기 때문이다. 반면 일정한 속력과 방향을 유지하지 않고 제트팩을 가동해 휘청거리며 나아간다면 운동의 당사자는 바로 당신이라는 사실에 두 비행사 모두 동의할 수 있다. 그 흔들리는 운동의 가속도, 즉 속도의 변화가 제트팩의 추력으로 발생했다는 사실에도 모두 동의할 것이다. 하지만 일정한 운동(텅 빈 우주에서 직선을 따르는 자유낙하)은 어느 쪽을 동쪽으로 지정하는 것만큼이나 상대적이다. 당신과 앨리스 모두 서로가 상대운동을 하고 있다는 데에는 의견을 같이한다. 그럼에도 둘 중 한 명의 운동에 한 치 의심도 없이 '절대'라는 용어를 부여할 방법은 없다.

빛의 속력

절대운동의 당사자가 누군지 알아내려고 온갖 수를 동원해 봤자 실패할 수밖에 없다. 아름다운 상대성 원리를 자연이 준수하기 때문이다. 모든 증거가 이를 뒷받침한다. 앨리스보다 당신을 선호할 강력한 기준이 없다면 자연은 당신을 선택하지 않는다. 특권이 있는 사람은 아무도 없다.

상대성 원리에 따르면 물리 법칙의 형식은 당신과 앨리스 모두에게 똑같다. 물리 법칙이란, 더없이 추상적인 의미에서는 자연에 각인된 근본 코드이며 보다 구체적인 의미에서는 우리가 발굴한 수식화된 법칙이다. 우리가 보기에 한 물체가 직선을 따라 움직인다면 앨리스가 보기에도 마찬가지다. 어떤 힘을 작용하든 세기는 똑같고 방향은 반대인 반작용이 나타난다는 것을 당신이 관찰한다면 앨리스도 똑같은 법칙을 그대로 읊조릴 것이다. 화학 결합의 세기와 비커에 담긴 용액의 확산 속도를 당신이 측정한다면 앨리스가 수행한 실험도 똑같은 숫자들을 뱉어 내리라. 물리 법칙을 구성하는 짤막한 목록의 내용에 동의하는 대가로 당신은 왼쪽, 오른쪽의 상대성과 운동의 상대성을 받아들인다.

수 세기 동안 물리학자들은 이러한 상황에 흡족해했다. 그때 물리 법칙에서 직접 느닷없이 나타난 사실

하나가 훨씬 심오한 상대성을 받아들이도록 요구했다. 중대한 도전을 제기했던 그 사실은 이름하여 '광속 불변의 법칙'이었다.

빛은 전기 에너지와 자기 에너지 진동의 한 형태로서 '전자기 복사'라고도 불린다. 전자기 복사의 전파 속력은 전자기 법칙에 따라 고정불변하게 정해지는 기본 숫자다. 빛의 속력은 자연에 대한 하나의 사실이다. 언제나 어디서나 일정한 보편적인 사실이다. 소문자 c로 표기하는 빛의 속력은 초속 30만 킬로미터에 달한다.

운동이 상대적이라면 이렇게 물어야 마땅하다. 빛의 속력 c는 무엇 혹은 누구를 기준으로 정해질까? 답은 이렇다. 어떤 사물이나 어느 누구를 기준으로 정한들 빛의 속력은 언제나 c다.

농구공의 상대속력은 불변의 사실이 아니다. 농구 선수는 공을 가만히 들고 있기도 하고 골대를 향해 던지기도 한다. 우주비행사의 상대속력도 사실이 아니다. 우리는 앨리스가 천천히 떠다니거나 빠르게 쏘다니거나 심지어는 전혀 움직이지 않는 모습까지 볼 수 있다. 함께 길을 잃고 영원토록 나란히 떠다닐지도 모른다. 하지만 빛은 느리거나 빠르게 움직일 수 없다. 누가 관찰하는지와 상관없이 빛은 일정하고 보편적인 속력으로 언제나 잽싸게 우리 옆을 지나친다.

이제 우리는 깊이 고심할 실로 아름다운 개념을 얻었다. 빛의 속력을 측정해 보라. 앨리스도 빛의 속력을 측정한다. 둘 다 똑같은 숫자 c를 얻는다.

서로의 실험을 지켜보던 당신과 앨리스는 어떤 물체의 속도든 모든 측정 결과에 의견이 갈린다. 앨리스가 당신을 지나치는 순간 농구공에서 손을 떼자. 앨리스는 농구공이 당신과 똑같은 속력으로 멀어지고 있다고 말한다. 당신은 동의할 수 없다. 당신이 본 농구공은 전혀 움직이지 않을 테니까. 눈앞에서 멀뚱히 떠다닐 뿐이다.

입자 가속기에 원자 한 무더기를 집어넣고 스위치를 올린 앨리스는 원자들이 가속되어 빠르게 움직이고 있다고 말한다. 서로 충돌하며 이리저리 쏘다니는 원자들은 당신이 보기에 어떤 건 빠르고 어떤 건 느리다. 당신에게 다가오거나 멀어짐에 따라 속력이 제각기 달라지는 것이다. 이번에는 전구를 집어 든 앨리스는 전구가 움직이지 않는다고 말한다. 당신은 그렇지 않다고, 전구가 나란히 움직이고 있다고 받아친다. 이 별것 없는 관찰이 관점에 따라 들쭉날쭉하다는 것에 당신과 앨리스 모두 만족한다. 상대운동으로 달라진 각자의 관점에서 예상한 결과가 관찰에 적중했기 때문이다.

그 순간 스쳐 지나가는 당신을 보며 앨리스가 말한다. "내 전구에서 나오는 빛을 봐. 속력 c로 움직이고 있어." 당신은 대답한다. "맞아, 내가 보기에도 그래."

양쪽 모두 깜짝 놀랄 만한 결과다.

자연은 앨리스보다 당신을 선호할 이유가 없다. 따라서 아무도 선택하지 않는다. 빛의 속력 c는 누구를 기준으로 측정한 값일까? 아인슈타인이 답하길, '모두'다. 어느 누가 측정해도 빛의 속력은 c일 수밖에 없다.

시간도 상대적이다

당신의 위치를 가늠하기 위해 머리 방향을 위쪽으로, 왼팔 방향을 서쪽으로, 얼굴이 향하는 방향을 북쪽으로 정해 보자. 그렇다면 우주 공간에서 조금도 움직이지 않고 있다는 결론을 아무런 모순 없이 내릴 수 있다. 위나 아래로, 동쪽이나 서쪽으로, 북쪽이나 남쪽으로 미동도 하지 않기 때문이다. 당신 자신을 기준으로 보는 한 당신은 우주에서 꼼짝도 하지 않는다. 그렇다고 시간까지 멈춰 있지는 않다. 시간은 당신을 스쳐 흘러간다. 공간과 시간의 경로를 그린 시공간 그림에 맞게 더 적절히 표현하자면, 당신이 시간을 따라 흘러간다.

멀리서 다가오는 점 하나가 당신의 친구 앨리스로 차츰 변모한다. 당신을 기준으로 상대운동을 하는 앨리스는 거의 빛의 속력만큼 빠르게 움직일 수도 있다. 당신이 보기에 앨리스는 공간을 따라 위에서 아래로 움직이고 있다. 물론 앨리스는 동의하지 않는다. 자신이 정한 위아래 방향을 기준으로 공간상에 멈춰 있다고 말하면서. 여기까진 괜찮다. 서로의 말을 충분히 이해할 수 있다. 이제부터 이야기가 흥미로워지기 시작하는데, 이로부터 무척이나 심오한 사실이 드러난다. 앨리스가 말하길, 자신은 공간의 지도에서는 멈춰 있지만 시간을 따라서는 움직이고 있다. 지평선에서 당신의 모습을 처음으로 또렷이 보았을 때보다 지금 자신이 더 나이를 먹었다는 걸 앨리스는 부정하지 않는다. 숨을 몇 번 쉬었는지 셀 때마다 그 횟수가 누적되고 앞으로 더 쌓이리라는 것도 마찬가지다. 앨리스가 보

YOUR TIME
당신의 시간

ALICE'S TIME
앨리스의 시간

ALICE'S SPACE
앨리스의 공간

YOUR SPACE
당신의 공간

빛

기에 자신은 오직 시간, 자신의 시간을 따라서만 움직인다. 당신은 당신의 시공간을 따라 앨리스의 경로를 그리면서 앨리스에게 이렇게 말한다. "아니야, 넌 내 공간과 시간을 따라 움직였어." 앨리스도 자신의 시공간에 당신의 경로를 그려 보며 똑같이 말한다. 이 현상을 시공간 그림에서 표현하면 마치 공간뿐 아니라 공간과 시간 모두의 차원에서 서로를 기준으로 축이 회전한 것과 같다.

이 그림이 틀렸다고 말할지도 모르겠다. 지도 위에 시간을 그릴 수 있다는 사람이 누가 있겠는가? 하지만 이게 정확한 그림이라면, 또 공간은 물론이고 시공간에 대한 지도가 실제로 존재할 수 있다면 지도의 비유는 상당히 강력하다. 시공간 지도는 앨리스의 시간이 당신의 시간과 똑같은 속력으로 흐르지 않음을 시사한다. 그림을 보면 앨리스가 시간이라고 부르는 축의 일부가 당신에겐 공간인 것처럼 보인다. 당신은 앨리스가 당신과 똑같은 시간을 경험하지 않는다고 말할 것이다. 왜냐하면 앨리스가 자신의 시간 축을 따라 움직인 기간이 당신의 시간 축에서 본 기간과 같지 않기 때문이다. 물론 앨리스도 직접 지도를 그려 보고 마찬가지 이유로 당신을 나무랄 수 있다. 결국 시간조차 상대적이다.

당신과 앨리스의 시간 축이 서로를 기준으로 회전하는 동시에 공간 축까지 회전하면 둘 다 빛의 속력으로 똑같은 값을 얻게 된다. 더불어 둘 사이의 상대적인 속력 차이가 클수록 축도 더 많이 회전한다. 이것이 바로 아인슈타인의 깨달음이었다.

시공간 그림은 맞기도 하고 틀리기도 하다. 이 그림은 마땅히 모두에게 똑같은 광속을 부여한다. 당신이 보기에 빛은 당신의 시계로 1초 동안 당신의 자로 약 30만 킬로미터 거리의 공간을 통과한다. 시공간의 축이 완전히 다르게 표시되어 있음에도 앨리스가 본 빛 또한 앨리스의 시계로 1초 동안 앨리스의 자로 약 30만 킬로미터를 이동한다. 둘 다 똑같은 자연법칙(광속 불변의 법칙)을 갖게 된 대신 시공간의 똑같은 경험을 대가로 지불한다.

그림에 반영된 기하학이 완전히 정확하진 않다는 의미에서 시공간 그림에는 결함이 있다. 그림이 가이드북의 납작한 종이에 그려졌다는 한계로 인해 오해가 빚어진다. 우리가 흔히 보는 지구의 지형도는 거리와 지형을 읽어 낼 때 새로운 규칙이 필요한 지도의 익숙한 사례다. 지구의 둥근 표면을 평평한 종이에 투영하면 거리와 면적이 왜곡된다. 휘어진 표면을 납작하게 펼쳐서 실제와 다르게 만든 것이다. 거리를 보태고 각도를 해석하는 적절한 규칙을 적용하며 신중하게 읽는다면 평면 지도를 완벽하게 사용할 수 있다.

당신과 앨리스가 떠다니는 텅 빈 시공간을 평평한 종이에 그리는 것도 가능하다. 하지만 공 모양의 지구를 납작한 종이에 투영할 때 생기는 왜곡과 비슷한 왜곡이 생긴다. 둥근 표면에 지구를 더 정확하게 그릴 수 있듯이 시공간도 다른 종류의 표면에 그리는 것이 더 정확하다. 그 표면에서 거리를 측정하는 법칙은 종이 위의 경로에 적용되는 익숙한 법칙과는 다르다. 시공간 표면을 수학적 체계로 표현할 수는 있지만 그리기는 쉽지 않다(그런 시공간 표면을 '민코프스키 시공간'이라고 부른다). 현재로선 시공간을 종이에 투영하고 그 투영의 법칙을 알아보는 것이 최선이다(너무나 복잡하고 지엽적이므로 여기에서 살펴보진 않겠다). 우리 물리학자들은 시공간 그림을 자주 그리는데, 개인적으로 나는 시공간 그림을 무척 좋아한다. 우리는 그저 일반적인 방식과 다르게 읽을 뿐이다.

블랙홀의 시간 지연

측정의 기준이 될 지형이라곤 전혀 없는 편평한 시공간과 달리 블랙홀은 측정 기준의 지형으로 삼기에 충분하고도 남는다. 이제 당신과 앨리스는 둘 중 누가 사건의 지평선을 기준으로 움직이고 있는지 분명하게 말할 수 있다.

당신과 앨리스는 블랙홀에서 멀리 떨어진 우주정거장에 있다. 망원경으로 블랙홀의 그림자를 발견한 당신은 혼자서 탐사하기로 결정하고는 우주정거장과 앨리스를 뒤로한 채 떠난다. 우주정거장과 연결된 밧줄을 끊어 내고 블랙홀을 향해 유유히 떠간다. 앨리스와는 일정한 시간을 두고 메시지를 주고받기로 말해 두었다. 당신은 사건의 지평선으로 이어지는 경로를 따라 자유로이 낙하하기 시작한다. 일정한 간격으로 제트팩을 가동해 블랙홀과 앨리스를 기준으로 멈춰 있을 수도 있다. 우주정거장에 남은 앨리스는 블랙홀과 안전거리를 유지하고 있다. 블랙홀의 그림자와 가까워질수록, 그림자에 대해 정지해 있으려면 제트팩의 출

력을 더욱 높여야 한다.

블랙홀은 어둡다. 그럼에도 그림자를 알아볼 수 있다. 은하의 몸집을 불리는 3천억 개의 별이 블랙홀 주변의 세상을 밝히는 덕분이다. 블랙홀은 우주 공간을 구부려 렌즈로 만들고는 은하의 상을 굴절시킨다. 너무 가까이 방향을 튼 빛은 모두 사건의 지평선으로 소실되고, 그렇게 완전한 어둠이 하늘에 동그랗게 떠오른다.

블랙홀을 향해 점차 가까이 나아가는 동안에도 당신의 시계는 지극히 정상으로 보인다. 시계 바늘은 시간의 흐름에 대한 직관과 일치하는 시간을 가리킨다. 반면 앨리스는 당신의 시계가 느리게 가는 모양이라고 투덜거리기 시작한다. 당신의 시계가 가리키는 시간이 자신의 시간을 따라오지 못한다는 것이다. 당신은 동의할 수 없다. 하지만 앨리스의 시계는 정말로 당신의 시계를 앞서간다. 나이를 먹는 속도도 더 빠르다. 앨리스가 배경에 깔아 둔 음악이 더없이 급하게 연주되고 뒤편에서 상영 중인 영화도 터무니없이 빠르게 재생된다.

제트팩을 가동해 추락을 멈춘 상태라면 당신은 앨

리스와 블랙홀을 기준으로 상대운동을 하지 않는다. 하지만 사건의 지평선을 향해 전진할 때마다 공간과 시간의 축이 앨리스를 기준으로 조금씩 더 회전한다. 블랙홀이 공간은 물론이고 시간까지 구부러뜨리기 때문이다. 사건의 지평선에 접근할수록 당신의 시간은 앨리스보다 더욱 느리게 간다. 그러다가 사건의 지평선에 도달한 순간 앨리스가 본 당신의 시계는 멈춰 버린다. 시간의 흐름이 얼어붙는다.

사건의 지평선에서의 탈출 속도는 광속에 달한다. 그러므로 당신이 앨리스에게 보낼 신호는 아무리 밖으로 돌진해 봤자 탈출하기엔 역부족이다(우주를 돌아다니는 신호라면 으레 빛으로 암호화되기 마련이다). 사건의 지평선을 넘어가기 직전에 빛을 쏘아 보낸 당신은 곧 그 곁을 스쳐 지나며 지평선을 넘어간다. 광속으로 움직임에도 가만히 멈춰 있는 저 빛을 남긴 채 말이다. 마치 공간이 폭포처럼 구멍 속으로 쏟아져 들어오는 듯하다. 빛은 여전히 c라는 제한속도로 나아가지만 공간의 폭포로 인해 허덕이며 제자리걸음이다. 쏟아져 들어오는 공간에 휩쓸려 우리가 블랙홀로 떨어지는 동안 빛은 사건의 지평선에서 꼼짝도 하지 못한다.

이 광경을 멀리서 바라보면 지평선에서 시간이 멈춘 듯이 보일 것이다. 생체시계를 포함한 모든 시계가 얼어붙고, 지평선을 횡단하는 데 무한한 시간이 소요되는 듯 보일 것이다.

반면 당신이 보는 당신의 시간은 완전히 멀쩡하다. 당신이 설치한 시계는 아무것도 바뀌지 않았고 손상된 기계 장치도 없으며 지평선의 횡단은 단조롭기 그지없다. 모든 것이 순탄하다. 블랙홀 안에서 미지의 운명을 맞닥뜨리기 전에 간직할 생존의 순간은 단 한 줌에 불과하겠지만.

아직 살아 있다면 당신은 앨리스의 시계가 당신의 것보다 훨씬 빠르게 가는 광경을 보게 된다. 앨리스가 당신에게 보내온 동영상 메시지는 흐릿하게 번져 있다. 앨리스의 일생이 급히 질주한 탓이다. 블랙홀의 중심에서 당신이 죽음을 맞이하기 전에 앨리스가 먼저 노환으로 죽고 만다. 소멸을 앞둔 찰나의 시간 동안 당신은 우주정거장이 스러져 가는 모습을 지켜본다. 죽은 별과의 충돌, 초신성이 뱉어 내는 치명적인 분출물, 우주를 떠도는 원소, 별이 불어 대는 항성풍에 노출되어 닳아 없어지는 그 모습을.

시간은 지연된다. 더 자세히 말해 시계가 블랙홀로 떨어지며 측정한 시간은 먼 곳의 시계가 측정한 시간보다 느리게 간다. 시간 지연은 계속된다. 먼 곳의 시계와 비교했을 때 사건의 지평선에서 시간이 완전히 정지한 것처럼 보일 때까지.

무한히 멀리 떨어진 시계를 기준으로 시간과 공간을 측정한다면 시계의 파수꾼은 사건의 지평선 내부에서 원래 시간이었던 것이 이젠 공간이라고, 또 원래 공간이었던 것이 이젠 시간이라고 결론지을 수밖에 없다. 왼쪽 방향을 회전하여 오른쪽 방향으로 만드는 것과 비슷하다. 어떻게 시간이 멈춰 있을 때보다 더 느려질 수 있을까? 그것은 마치 시간이 완전히 회전해 공간이 되고, 공간이 완전히 회전해 시간이 된 것과 마찬가지다.

사건의 지평선 안에서 밖으로 빠져나가려면 불가능한 일을 어떻게든 해 내서 빛의 속력보다 빠르게 달려야 한다. 빛보다 빠른 건 아무것도 없기에 사실상 모든 경로는 내부를 향한다. 미래는 중심을 향한다. 그 미래는 파멸이다. 당신은 오직 특이점으로 나아갈 수밖에 없다. 특이점은 미래에 존재하며 사건의 지평선은 과거에만 존재한다. 당신이 남겨 둔 친구가 자신의 미래 — 노령으로 인한 죽음, 국가의 정복과 멸망, 모든 문명의 흥망성쇠를 향해 나아가는 것만큼이나 거침없이 당신 또한 특이점이라는 미래로 추락하고 만다.

흔히들 구의 중심에 있다고 단순하게 생각하는 특이점은 사실 미래의 한 시점이며 공간의 한 지점이 결코 아니다. 블랙홀의 중심을 보는 것은 불가능하다. 빛은 과거로 거슬러 가지 못하는 것만큼이나 특이점에서 우리를 향해 움직이지도 못한다. 시간을 되돌릴 수는 없다. 특이점에서의 죽음이 바로 당신의 미래다.

틈

6장

사건의 지평선에서는 제트팩도 무용지물이다. 우리는 제트팩의 가동을 멈추고 낙하에 몸을 맡긴다. 밖에서 본 블랙홀은 어둠으로 꽉 들어찬 원반이었다. 하지만 일단 한 발짝만이라도 사건의 지평선 내부로 넘어가면 밖이 훤히 내다보인다. 우리는 암흑에 처박히지 않는다. 사건의 지평선은 쏟아져 들어오는 은하계의 광휘를 가로막지 않는다. 사건의 지평선을 통과해 떨어지는 빛들이 켜켜이 쌓여 왜곡된 상을 이룬다. 블랙홀은 밖에서 볼 때는 어둡지만 안에서 보면 찬연한 빛으로 가득하다.

사건의 지평선의 단방향 창문 너머로 우리는 우주 저편을 바라본다. 추락을 막을 도리는 없지만 잠시나마 유리창 사이로 우주의 진화를 지켜본다. 은하에서 날아와 사건의 지평선으로 흘러든 빛은 지구 달력으로 수천 년, 수백만 년, 수십억 년 동안 급속도로 진화하는 우주의 초상화를 그려 낸다. 우리 눈으로 쏟아져 들어온 빛은 영겁의 세월에 걸쳐 폭발한 별의 섬광과 문명의 몰락을 상연한다. 블랙홀로 깊숙이 떨어질수록 흡입구가 더욱 가늘어지고, 어둠 속을 추락하며 반짝이는 빛이 전부 한곳에 모여 찬란한 순백의 초점을 이룬다. 마치 임사를 체험하듯 우리는 터널 끝 밝은 빛을 목도한다. 임사가 아닌 완전한 죽음의 경험이겠지만.

수학의 안내를 받아 끔찍한 최후의 순간까지 따라가 보자. 일반 상대성 이론은 블랙홀 내부의 시공간이 가차 없이 처참하게 구부러져 한쪽 끝이 단단히 매임으로써 모든 경로가 종결되는 특이점이 형성된다고 예측한다. 특이점은 시공간에 난 상처일지도 모른다. 블랙홀이 형성되기 전에 별을 이루던 물질이 그 갈라진 틈으로 빨려 들어가 결국 존재 자체가 지워지는 것이다. 천체 내부로 폭발해 사건의 지평선 안쪽에 남게 된

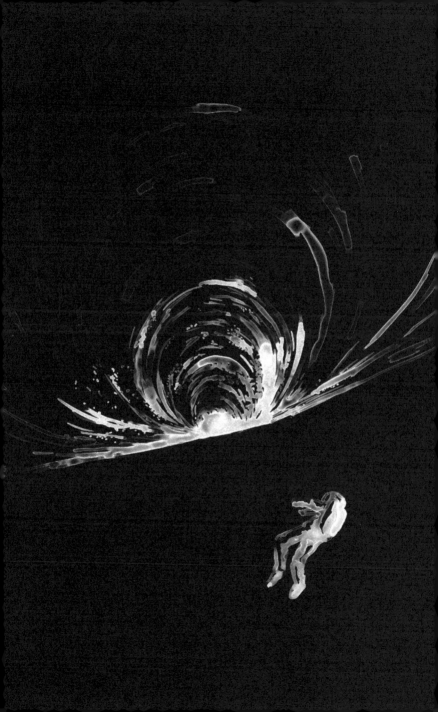

실제 물질은 블랙홀의 구조와 무관할 뿐 아니라 아예 사라져 버린다.

　사건의 지평선을 넘어가는 경우라면 더는 블랙홀을 변호할 생각이 없다. 우리는 걷잡을 수 없이 특이점으로 곤두박질친다. 몸속 물질이 주변을 요동시켜 시공간이 물결침에 따라 여정은 무척이나 험난해질 것이다. 특이점으로 떨어지면서 우리 몸은 잔혹하게 망가진다. 특이점과 가까운 신체가 급격히 가속되어 먼 신체보다 급속도로 빨라진 결과, 우리는 능지처참을 당하고 만다. 동시에 몸 전체가 특이점으로 수렴되며 찌부러진다. 눈 한 번 깜빡이지도 못하는 100만분의 1초, 그 찰나의 시간 동안 가죽이 벗겨지고 몸이 갈가리 찢겨 가루가 된 채 죽음에 이른다. 그렇다면 호되게 얻어맞아 너절해진 몸속 유기물은 불가피한 풍비박산 끝에 기본 성분으로 돌아가는 셈이다. 우리의 근원적 파편은 궁극적으로는 시공간의 상처로 흘러들어 존재하길 멈출 것이다.

　갈라진 틈은 어느 곳으로도 이어지지 않는다. 특이점은 공간과 시간의 끝, 존재의 끝이다. 잔뜩 으스러지며 특이점으로 비집고 들어선 존재에게 미래란 없

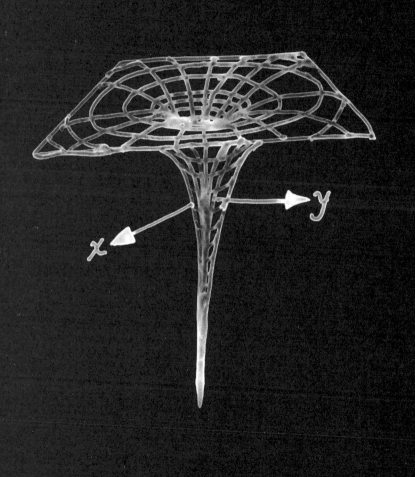

다. 특이점에 의한 죽음은 더없이 중대한 실존적 죽음이다 — 육신을 이루는 기본입자의 소멸, 몸의 구성 물질과 우리 자신이 간직했던 실재의 박탈. 그야말로 진정한 비존재다.

하지만 이 터무니없는 운명과 특이점의 불가피함에 좌절할 필요는 없다. 특이점은 무한이라는 성가신 성질을 수반하기에 강한 의심을 받아 마땅하다. 특이점은 실재를 향한 과학적 추구의 패러다임 전체에 저주나 다름없다. 그토록 극적인 규모에서는 일반 상대성 이론이 특이점이라는 거짓된 예언을 남기며 중력의 완벽한 물리적 서술에 실패하는 게 아니냐고 기본적으로 모든 물리학자가 의심할 정도다. 다시 말해 수학은 상대성 이론의 물리적 서술이 특이점에서 붕괴된다고 말하고 있다. 특이점을 예측하는 탓에 일반 상대성 이론은 이야기의 전말이 될 수 없다. 그렇다고 상대성 이론을 향한 믿음을 철회하는 것은 영 좋지 않은 대안이다. 특이점의 존재는 물리적 우주가 그 심층에서 이상 행동을 보이고 있다는 의미일 것이다.

어쩌면 블랙홀의 심연에는 특이점이 아니라 추락한 물질이 남긴 유물 같은 것, 이른바 양자 잔해가 끔찍이도 높은 에너지를 간직한 채 블랙홀 중심의 뒤틀린 시공간에 자리하고 있을지도 모른다. 블랙홀을 형성하고는 곧이어 추락하고 만 모든 물질이 미지의 양자 물질 상태에 갇혀 있을 수 있다. 원자보다 작은 아원자 입자(무수히 모여 별을 이루었던 구성 물질로서 과학적으로 제법 잘 이해되고 있다)가 수소 원자핵 하나보다 1조×1조 배나 작은 공간에 전부 압축되어 있다는 것이다.

터무니없는 생각일 수도 있다. 잔해 가설의 지지자는 그리 많지 않다. 추측하는 김에 밀어붙여 보자면 사람들이 가장 즐겨 언급하는 가능성으로는 화이트홀이 있다. 블랙홀 속으로 들어간 것은 전부 화이트홀로 터져 나온다는 것이다. 우주의 또 다른 장소로 향하는 새로운 빅뱅이 일어난 것과 같은데, 블랙홀은 드라마 〈닥터 후〉 시리즈의 시공간 이동장치 타디스TARDIS처럼 밖에서 볼 때보다 안에서 몸집이 더 클 수도 있기 때문이다. 블랙홀로 들어가면 우리 우주와는 완전히 다른 우주가 펼쳐질지도 모른다.

블랙홀은 시공간의 한 장소, 음산한 어둠과 삭막한 공허가 도사리는 현장이다. 하지만 과학자들은 언뜻 보기에는 단순한 질문에 아직까지 답을 내리지 못하고 있다. 블랙홀에 빠지면 어디로 갈까? 사건의 지평선이 부과한 블랙홀의 내막에 대한 미스터리로 인해 블랙홀은 대부분의 천체물리학적 현상은 누리지 못하는 독특한 문화적 아우라를 풍기게 되었다.

어찌 됐건 우리는 잔해가 형성되거나 빅뱅이 일어나기도 한참 전에 이미 으깨져서 죽고 말 것이다. 특이점을 더욱 잘 이해하게 되었다고 우리가 살아남을 일은 없다. 블랙홀은 우리를 짓이겨 낱알로 해체하겠지만 그 잔해는 더욱 웅대한 생태계의 한 부분으로 합류할 것이다. 만일 우리의 파편이 특이점에서 소멸하지 않는다면, 만일 우리의 잔재가 블랙홀 중심의 불안정한 양자 잔해로 남아 있다면, 우연히 쏟아져 들어온 조각들이 우리를 만나 한층 더 방황하는 우주 잿더미가 되어 다른 곳에 쌓인 파편 무더기에 섞여 들 것이다. 그 잔존물이 끊임없이 생을 이어 가는 것이 우리의 가능한 미래에 대한 일말의 희망이다. 혹은 빅뱅으로 갑작스레 생겨난 새로운 우주가 우리의 원소를 나눠 가질지도 모른다. 우리를 이루던 원소들은 다시금 차곡차곡 쌓여 여러 세대의 별을 이루고, 그중 일부는 마침내

미생물이 되어 새로운 토양 한 점에 안착해 언젠가 또
다른 블랙홀로 추락할 운명을 기다릴 것이다.

완벽

7장

블랙홀은 정말이지 경이롭다. 죽은 별이라는 것, 이웃한 별을 먹어 치운다는 것, 끔찍이도 오랜 세월이 흘러 언젠가는 은하 전체와 또 다른 블랙홀을 흡수한다는 것, 우리가 아는 우주에서 가장 강력한 엔진을 점화한다는 것, 잡동사니로 너절한 대혼돈의 소용돌이라는 것이 그 이유지만 또 하나의 특징 때문이기도 하다 — 바로 완벽하다는 것.

블랙홀은 털이 없다

블랙홀은 완벽하다. 완벽하다는 내 말뜻은 곧 특

색이 없다는 것이다. 블랙홀에 흠집을 내려 아무리 애써 봤자 끄떡도 하지 않는다. 블랙홀은 그 어떤 결함도 떨쳐 내고 특색 없는 완벽한 자아로 정착한다. 블랙홀을 형성한 별이 얼마나 독특한지(당나귀로만 이루어진 별을 떠올려 보자)와 내부로의 붕괴가 어떻게 촉발되었는지(당나귀 떼가 우글우글 모여든 끝에 제 중력을 이기지 못해 내부로 폭발하며 수축하는 장면을 상상해 보자. 이보다 더 정신 나간 생각은 없을 성싶다)와 상관없이 최종 결과는 언제나 특색 없는 블랙홀이다. 다른 모든 완벽한 블랙홀과 정확히 동일하다. 그 원료가 찌부러진 항성의 대기든, 가루가 된 다이아몬드든, 짓눌린 반물질 곤죽이든, 핵폐기물이든 광자든 냉장고 자석이든 다 똑같다.

최악의 경우까지 생각을 밀어붙여 보자. 상상이 가닿는 만큼 블랙홀을 변형해 보자. 여기 두 블랙홀이 충돌하고 있다. 결국 하나로 합쳐진 블랙홀은 다른 모든 블랙홀처럼 한 치 어긋남도 없이 완벽하다. 사건의 지평선이 합쳐지면서 두 블랙홀 근처의 시공간이 크게 들썩이며 격렬한 파동이 몰아친다. 종을 치면 떨림이 그칠 때까지 퍼져 나가는 소리 파동처럼, 휘어진 시공간도 중력파라는 파동이 되어 고요해질 때까지 울려 퍼진다. 이 울림은 충돌하는 블랙홀 한 쌍이 내뱉는 최후의 비명이다. 중력파가 모든 흉터와 흠집을 휩쓸어 버리고, 남은 것은 정적 속에서 회전하는 하나의 완벽한 블랙홀이다.

그 속에 별이나 산, 염소를 던져 넣어 보자. 추가된 질량이 블랙홀의 몸집을 불리면서 시공간이 조정됨에 따라 사건의 지평선이 살짝 변형되겠지만 그 변형은 금세 사그라든다. 달리 말해 중력파가 변형을 몰아내면서 사건의 지평선을 이전처럼 부드럽고 잡티 하나 없이 유지한다.

외부의 관찰자가 블랙홀을 구별할 수 있는 특징은 오직 질량, 전자기 전하, 회전뿐이다. 어떤 질량과 전하와 회전을 가진 블랙홀은 그와 똑같은 질량과 전하와 회전을 가진 블랙홀과 완벽하게 동일하다. 블랙홀을 구별하도록 해 주는 세 가지 특징이 블랙홀 시공간의 기하학적 구조, 즉 사건의 지평선의 크기와 모양, 주변 시공간을 완전히 결정한다.

존 휠러가 익살맞게 표현한 것처럼 "블랙홀은 털이 없다." 만일 우리가 질량과 전하와 회전을 제외한 블랙홀 내부의 특징을 알아낼 수 있다면 마치 털이 달린 것처럼 블랙홀에서 정보가 줄줄이 뿜어져 나오게 된다. 하지만 사건의 지평선은 정보가 밖으로 흘러나오지 못하게 막음으로써 블랙홀이 털을 갖는 것을 용납하지 않는다. "블랙홀은 털이 없다." 있어도 잠시뿐이다. 무슨 털을 심으려 하든 블랙홀 속으로 떨어지거나 방출되어 사라지기 때문에 블랙홀의 원시 형태가 복구된다. 그렇게 블랙홀은 특색 없고 무결점인 상태로 남는다.

거시적인 기본입자

외부에 있는 우리로선 잠깐만 시간이 지나도 블랙홀 안으로 들어간 게 무엇인지 도저히 알 수 없다. 그 어떤 정보도 사건의 지평선 밖에 있는 우리에게 도달하지 못하기 때문이다. 달리 말해 블랙홀은 특색이 없기 때문이다. 결과적으로 밖에서 보았을 때 특정한 질량(그리고 회전과 전하)을 가진 블랙홀은 정확히 똑같은 질량(그리고 회전과 전하)을 가진 다른 블랙홀과 동일하다. 정말이지 멋진 결과다. 둘을 구별할 방도가 없으니 동일성은 필연적이다. 사건의 지평선이 모든 블랙홀을 똑같게 만든다. 따라서 순전히 빛으로 이루어 진 블랙홀을 금괴나 깃털이나 방사성 우라늄이나 도 스토옙스키의 『백치』로 만들어진 블랙홀과 밖에서 구 별할 방도는 없다. 적어도 밖에서 보는 한 특정한 크기 (그리고 회전과 전하)를 가진 블랙홀은 전부 동일하며 어떤 실험도 블랙홀 간의 차이를 드러내지 못한다.

블랙홀이 완벽하다는 말은 전자와 같은 아원자 입 자가 완벽하다는 말과 같은 뜻이다. 어떤 전자를 들이 밀든 우주에 존재하는 다른 모든 전자와 동일하다. 사 람이나 가이드북처럼 전자로 이루어진 사물과 달리 전 자 자체는 서로 완벽하게 교환될 수 있다.

그렇다면 블랙홀은 중력의 기본입자인 셈이다. 우 주를 아무리 뒤져 봐도 이런 존재는 블랙홀밖에 없다. 모든 기본입자는 아원자 입자이므로 어쩌면 아원자 블 랙홀도 있을 것이다. 불안정하고 엄두도 안 날 만큼 무 거워진 아원자 입자, 그럼에도 무척이나 작은 그 존재 를 입자 가속기에서 만들 수 있을지도 모른다.

블랙홀이 형성될 만큼 작은 부피에 입자들을 충 돌시켜 에너지를 집중하면 미니 블랙홀을 만들 수 있 다. 가장 작은 블랙홀 기본입자는 이론상 약 22마이크로그램인데(1마이크로그램은 100만분의 1그램), 참깨 한 알의 몇천분의 1 무게이며 크기는 1억×1조×1조분의 1밖에 되지 않는다. 22마이크로그램이 그리 무겁게 느껴지지 않을지도 모르겠다. 하지만 그토록 작은 블랙홀은 양성자의 1000만×1조 배 무게이면서도 크기는 1억×1조분의 1이다. 주방에서 밀가루 같은 입자들을 쌓아 올려 22마이크로그램의 질량을 쉽게 구현해 볼 수 있다. 하지만 밀가루 덩이는 작은 입자들이 무수히 쌓인 것이며 전혀 빽빽하지 않고 드문드문하다. 건물과 우주선처럼 크고 무거운 것을 만들기는 쉽다. 반면 아주 작으면서도 무거운 것을 만들기는 쉽지 않다.

더 작고 더 무거운 물체일수록 만들기가 더욱 어려워진다. 미니 블랙홀은 지금껏 예측된 것 중에서 가장 무겁고 가장 가벼운 기본입자다.

스위스 인근에 설치된 '거대 강입자 충돌기'Large Hadron Collider(LHC)는 둘레 27킬로미터의 좁다란 원형 가속기 고속도로 안에서 입자 빔들을 충돌시킨 뒤에, 원형 고리를 따라 나란히 자리 잡은 입자 검출기로 파편이 빗발치는 모습을 관찰한다. 현재까지 설치된 입자 가속기 중 가장 크고 강력한 장치로, 그 명성을 영원토록 누릴지도 모른다. 그럼에도 LHC가 구현할 수 있는 최대 에너지의 1억×1억 배가 있어야만 양자 크기의 미니 블랙홀을 만들 수 있다. 탄탄한 논리로 뒷받침된 어떤 연구는 LHC가 만들어 낼지 모를 더 가벼운 양자 블랙홀이 존재한다고 추정하기도 한다. 그러려면 우리가 일상에서 경험하는 3개의 공간 차원을 넘어서 우리 우주가 여분의 공간 차원을 숨기고 있다는 전제가 필요하다. 하지만 너무 옆길로 새진 않겠다.

물리학자들은 이러한 생각들을 공공연하게 주고받으며 LHC가 블랙홀 공장이 될 가능성을 가볍게 언급했다. 누군가 그 대화를 우연히 엿들었고 잇달아 공황이 발생했다. LHC의 가동 중단을 요청하는 소송까지 제기되었다. LHC와 무관한 과학자들의 검토를 거쳐 장치의 안전성이 입증되자 비로소 LHC의 스위치가 올라갔고, 결국 처음에는 "빌어먹을 입자"Goddamn particle로 불리다가 대중에게 "신의 입자"God particle로 알려진 힉스 입자를 발견하기에 이르렀다. 안전성의 논거는 LHC가 블랙홀을 만들지 못한다는 것이 아니었다. 미니 블랙홀은 세계를 파괴하지 못한다는 것이 과학자들의 주장이었다. 우선 입자들을 충돌시키면 모

든 털, 즉 모든 결점을 뿜어내는 변형된 블랙홀이 생겨
났다가 완벽한 블랙홀 기본입자로 안착한다. 그러고는
이 가이드북에서 나중에 살펴볼 어떤 양자역학적 과정
을 통해 '호킹 복사'라는 입자들을 한바탕 퍼부으며 재
빠르게 붕괴하고 만다.

　　나만의 미니 블랙홀을 가지고 싶을 경우 더없이
작은 블랙홀을 만든다면 당신이 생존할 전망은 꽤나
밝다. 몹시 불안정해서 호킹 복사를 방출하기 쉬운 탓
에 별다른 대학살 없이 증발해 버리기 때문이다. 결국
세계의 운명에는 딱히 영향을 미치지 못한다. 실험 장
치와 터널, 과학자들과 모든 설비, 나아가 스위스와 지
구를 삼켜 버리기엔 그 수명이 너무나 짧다. 작은 블랙
홀을 만드는 데 성공한다면 전기를 띤 물질을 하나 던
져 넣어 보자. 그러면 블랙홀도 전기를 띠게 되고, 자기
력을 이용해 귀중한 블랙홀을 붙들어 뜨거운 상자 안
에 가둬 둘 수 있다. 상자 안의 미묘한 일시적 평형 상
태가 블랙홀이 점차 커지는 경향과 붕괴하는 경향 사
이에서 균형을 맞춘다. 그럼, 건투를 빈다. 실험실에 팽
팽한 긴장감이 맴돌 것이다.

　　"블랙홀 공장을 만들자고. 설마 뭔 일 나겠어?" 이

론 물리학자의 이런 자신감을 모든 사람이 높이 평가하진 않는다. 그렇다면 여기, 따분하지만 중요한 논증이 있다. 우주선線은 충돌기가 닿을 수 있는 범위를 넘어선 고에너지로 지구의 대기와 충돌하고 있지만 지금까지 지구나 다른 어떤 행성도 미니 블랙홀 속으로 사라지지 않았다. 미니 블랙홀이 지구의 대기 중에서 만들어진다고 해도(우리는 수상쩍어하겠지만) 지구의 파멸을 몰고 오기엔 너무나 불안정하다.

안타깝게도 블랙홀은 LHC에서 검출되지 않았다. 미니 블랙홀 공장의 유일한 후보는 빅뱅으로 보인다. LHC가 구현할 수 있는 것보다 1억×1억 배나 더 격렬한 고에너지의 뜨거운 사건 속에서 빅뱅으로 인해 시공간이 팽창했다. 우주의 일생에서 태초의 기간에 미니 블랙홀이 태어났을지도 모른다. 원시 블랙홀은 호킹 복사의 형태로 파편을 흩뿌리며 붕괴하고, 그렇게 1세대 별의 원료를 제공하며 먼 옛날에 자취를 감췄을 것이다. 언젠가 내부로 폭발하며 죽음을 맞이했을 1세대 별들은 끝내 오래도록 삶을 이어 가는 거대한 천체물리학적 블랙홀이 되었을 것이다.

원시 미니 블랙홀이 존재했다는 증거는 없다. 다

만 빅뱅 이후로 수십억 년이 지나 우주가 준비를 마쳤을 무렵에 별만큼 무거운 블랙홀이 형성되었다는 강력한 증거가 있다. 지금 우리가 향하는 곳이 바로 그곳이다. 순전히 이론만으로 가득한 꾸밈없는 지역, 시공간의 순수한 무無에서 우리는 벗어나야 한다. 제각기 홀로 고립된 삭막한 블랙홀은 여전히 우리에게서 모습을 감추고 있다. 하지만 이따금씩 독수공방에서 벗어난다. 인근의 물질을 덩어리째 쥐어뜯어 이리저리 던지며 제 모습을 드러내 우리에게 자신의 위치를 폭로한다. 눈 속에서 노니는 투명인간처럼.

천체물리학

8장

추상적인 의미의 한 장소에 불과했던 블랙홀이 이제 실제 우주 속 존재와 무척이나 비슷하게 행동하기 시작한다는 걸 인정해야겠다. 인공위성이나 열기구에서 작동하는 망원경은 빛을 끌어모아 블랙홀이 실재한다는 결론을 내렸다. 심지어 땅에 붙박인 망원경도 마찬가지다. 따라서 우리는 추상적인 이론의 공상 영역에서 현실의 무대로, 철저한 어둠의 장막에서 극도로 찬연한 빛으로 블랙홀을 이끌어야 한다. 몇 광년, 심지어 수백만 광년까지 가로질러 제트(물줄기) 형태로 분출되는 물질과 반물질, 허물어진 별, 블랙홀 주위에서 극악무도한 속력을 자랑하며 철벅거리는 물질 무더기와 마주해야 한다. 우주에서 가장 어두운 천체물리학적 존재이자 빛조차 방출하지 않는 진정한 의미의 구멍인 블랙홀은 이제 아이러니하게도 우주의 그 어떤 광원보다 밝게 번쩍이는 빛의 엔진으로 변모한다.

우리는 퀘이사를 목격했다. 퀘이사는 무척이나 오래된 은하의 중심부로서 수십억 광년 떨어진 곳에서도 보일 만큼 격렬한 빛을 발한다. 태양보다 수백만에서 수십억 배나 무거운 '초거대 블랙홀'은 은하계의 방랑자인 별, 가스와 먼지, 엄청난 규모의 은하핵에 거주하는 주민들, 거대한 은하 밀집체가 형성되는 동안 잠깐 살다 가는 하루살이들을 난장판으로 끌어들여 망각 속으로 집어삼킨다. 물질은 블랙홀이 일으킨 전자기 돌풍에 붙들린다. 흙먼지가 토네이도의 모습을 보여 주듯 물질이 돌풍의 형상을 드러내며 보이지 않는 것을 보이게 만든다. 블랙홀은 지저분한 물질을 빠르게 회전시켜 빛나는 제트의 형태로 수백만 광년까지 뿜어낸다. 관측 가능한 우주 저편에서 우리는 그 경이로운 봉화를 감상할 수 있다.

퀘이사는 지상의 관측 기술로 처음 발견될 당시에

는 별과 같은 빛점으로 보여 '준성전파원'이라고 불리다가 그 기원이 우리은하 바깥이라는 사실이 분명해지자 퀘이사로 명명되었다. 작은 빛점처럼 생겼지만 은하면面 바깥에 흩뿌려져 있었고, 바로 이것이 퀘이사가 실제로는 우리은하에 거주하지 않는다는 실마리가 되었다. 더욱이 그 위치가 수십억 광년이나 먼 곳이라는 점은 퀘이사가 아주 오래되었다는 것을 뜻하며(퀘이사의 빛이 그 먼 길을 내리 내달려 지구까지 도달했을 테니), 또 퀘이사를 보기가 좀처럼 드물다는 점은 우주가 이제 퀘이사를 자주 만들지 않는다는 것을 뜻한다.

은하 중심부에 자리한 퀘이사는 초거대 블랙홀이 동력을 공급하는 '활동성 은하핵'의 일종이다. 태양보다 수백만에서 수십억 배나 무거운 질량이 태양계보다 작은 공간에 들어찬 활동성 은하핵은 육중한 닻이 되어 고밀도의 조밀한 중심부를 형성한다. 초거대 블랙홀보다 작은 수만 개의 블랙홀, 죽은 별과 살아 있는 별이 핵 주위를 맴돈다. 초거대 블랙홀은 죽은 별을 씨앗 삼아 생겨났을 수 있다. 항성급 질량의 블랙홀이 충돌하고 합쳐지면서 은하의 육중한 중심부로 성장했다는 것이다. 초거대 블랙홀이 어떻게 형성되어 몸집을 불렸는지는 아직 아무도 모른다. 어쩌면 죽은 별에서 형성되는 대신 우주가 더 어렸을 적에 존재했던 원시 물질이 직접 붕괴하여 만들어졌을 수도 있다. 발생의 기원이 무엇이든 간에 초거대 블랙홀은 관측 가능한 우주에서 은하만큼 무수히, 수천억 개나 존재한다.

아마도 언젠가 은하가 서로 수백 번 충돌하고 합쳐지는 사건이 벌어졌을 것이다. 한 은하의 별과 다른 은하의 별 사이에서 물리적 충돌이 일어나기엔 빈 공간이 워낙 넓기 때문에 은하는 서로를 곧장 통과해 지나간다. 은하가 서로의 지역을 탐방하는 동안 주로 충돌하는 것은 별 사이의 드넓은 공간을 떠다니던 가스다. 가스의 충돌로 인해 은하의 태양계 전체가 중력으로 교란되어 소용돌이친다. 은하가 서로를 훑고 지나갔다가 떼려야 뗄 수 없을 만큼 골고루 뒤섞일 때까지 제각기 다른 경로를 그리며 다시 서로에게 풀썩 주저앉는 양상이 거듭된다. 충돌은 수십억 년에 걸쳐 은하를 변모시키며 우주먼지와 별이 고밀도의 중심부를 형성하도록 부추긴다. 은하계 물질의 물보라는 마치 배수구 주위에 들어찬 물처럼 빙빙 돌아 원반을 이루면서 블랙홀로 휩쓸려 간다. 그 과정에서 은하핵이 점화된다. 우주먼지가 점차 쌓여 가는 회전 원반, 고온으로 밝게 빛나는 그 '강착 원반'에 계속해서 물질이 철벅철벅 달라붙는다. 강착 원반 물질이 엄청난 에너지를 방출함에 따라 블랙홀 주변은 은하 내부의 별을 전부 합친 것보다 수천 배나 더 밝아진다.

은하 중심부의 엔진, 초거대 블랙홀로 인해 비틀어진 자기장은 전기를 띤 입자들이 주르륵 타고 가도록 와이어를 내려 주면서 이번에는 광속에 가까운 속력으로 물질을 멀리까지 내던진다. 입자들이 광속에 맞먹는 속력으로 운동하며 방출하는 에너지는 은하 사이에 펼쳐진 광막한 공간을 꿰뚫고 수백만 광년을 가로지르는 좁다란 빔, 강렬한 제트를 따라 탈주한다.

눈부시게 빛나는 활동성 은하핵은 수십억 광년 멀리 떨어진 우리에게도 보일 만큼 찬연한 빛을 발한다. 수십억 년이 지난 훗날에도 찬란할 것이다. 강착 원반 물질이 고갈됨에 따라 블랙홀이 휴면에 접어들어 빛을 발하기를 그칠 때까지.

얼마간의 사색이 남긴 유물, 이 작은 가이드북이 무수한 실존적 위협을 견뎌 낸다면, 미래의 우주 여행자에게 전할 조언이 있다. 블랙홀의 제트를 멀리하라.

제트는 천문학적으로 강화된 블랙홀 광선총이나 다름 없다. 제트는 상상을 초월하는 고에너지까지 입자를 가속시켜 치명적인 엑스선과 감마선을 내뿜는다. 제트의 폭풍에 몸소 닿는 순간 행성의 대기 보호막이 깡그리 불타 사라지고 핵이 부글부글 끓어 버려 토착 생명체가 죄다 멸종할 것이다. 초거대 블랙홀에서 뿜어 나오는 가장 강력한 제트는 이웃한 은하에 구멍을 내며 그곳 수십억 행성에서 진화하고 있을지 모를 모든 종의 생명체를 몰살할 것이다. 당부하겠다. 광선이 빗발치는 전선에 접근할 생각일랑 하지도 말라. 작은 블랙홀이 뿜어내는 고에너지 제트의 방사선에 살짝이라도 피폭되면 DNA가 손상되어 멀쩡하던 세포가 망가지는 예상 가능한 시나리오가 닥칠 것이다. 방사선을 강하게 쬐면 중추 신경계가 손상됨에 따라 운동 기능과 인지 기능이 변질되어 탈출에 필요한 지능조차 사용할 수 없다. 전자가 원자에서 떨어져 나가 화학 결합이 깨지고 몸의 조직이 손상되면서 서서히 방사선 병이 다가온다. 이게 최선이다. 보호 장비를 착용하고 대비책을 마련하며 안전거리를 위한 가이드라인(계산 착오였겠지만)을 숙지했음에도 비참하게 시들시들 말

라 죽는 것. 제트를 정통으로 맞으면 증발을 각오해야
한다.

격렬한 시대가 저물 때까지 제트를 멀리하라. 아
주 오래전 우리은하는 퀘이사의 특성을 전부 지녔을지
도 모른다. 마침내 은하 중심부에 자리한 초거대 블랙
홀의 연료가 동이 나 은하 진화의 활동적인 국면이 종
언을 고했을 것이다. 언젠가 제트도 꺼지고 은하 중심
부도 예전만큼 밝게 빛나지 않으며 은하 중심부의 거
주민은 안전하게 궤도를 돌면서 좀처럼 블랙홀에 빠지
지도 않았을 것이다. 은하 중심부가 휴면에 빠져 어둠
이 드리운 덕분에, 최근에 도래한 인간이라는 종이 우
리은하의 근방 너머 빅뱅 이후 138억 년 동안 삶을 펼
쳐 낸 존재들을 볼 수 있게 되었다.

우리은하 중심부의 초거대 블랙홀은 여전히 건재
하다. 궁수자리A*('궁수자리A 별'로 발음한다)이라고
불리는데, 지구에서 보면 우리은하 중심부가 궁수자리
너머에 있기 때문이다. 천문학자들은 지표면 우뚝 솟
은 산봉우리에서 궁수자리A*을 관찰하고 있다. 안데
스산맥이 남아메리카 대륙을 수직으로 썰어 낸 왼편에
좁다란 띠 모양의 칠레 사막이 있다. 지구에서 가장 건

조하고 부서지기 쉬운 곳, 더없이 메마른 대기로 에워싸인 곳. 난기류가 산봉우리에 가로막혀 흩어지는 탓에 안데스산맥 서부의 아타카마 사막은 잔잔한 공기 속에서 바싹 말라 간다. 밤이면 짙은 어둠이 깔리고 빛 공해도 거의 없는 고요한 대기 조건 덕분에 아타카마 사막은 지구에 발이 묶인 천문학자에게 최적의 장소다. 가장 높은 산에 버금가는 바스러지기 쉬운 산맥 정상에는 이따금 거품이 부글대는 소금 호수의 암석 지대 위로 온갖 국제 천문대가 자리 잡고 있다.

간혹가다 작은 블랙홀이나 별이 궁수자리A*로 떨어지는 건 분명하지만 강착 원반이 활발히 형성되는 시대는 이미 한참 전에 지났다. 우리는 초거대 블랙홀이 여전히 건재하다는 사실을 알고 있다. 뛰어난 인내심으로 무장한 천체 관측자들이 20년간 별의 궤도를 신중히 추적하고 궤도 중심에 위치한 보이지 않는 천체의 질량과 크기를 단순한 중력 법칙으로부터 추론해 낸 덕분이다. 그들은 결론을 내렸다. 그곳에 무겁고 거대한 무언가가 있다고 ─ 바로 블랙홀이었다. 암석이 언덕의 지형을 따라 미끄러지듯이 별도 시공간의 굴곡을 따라 운동한다. 그중에서도 특히 어떤 별 하나가 어두운 중심 주위를 돌며 지구 달력으로 16년 만에 궤도를 한 바퀴를 완주하고 있었다. 중심에 가까이 접근할 때는 초속 수천 킬로미터보다 더 빨리 움직였는데, 해왕성이 태양에 다가갈 때보다 몇 배나 빠른 속력이다. 이 운동으로부터 초거대 블랙홀이 존재한다는 추론이 제기되었고 태양보다 질량이 400만 배나 크다는 추정치가 얻어졌다.

수십억 년 뒤에 우리가 이웃 은하인 안드로메다와 충돌하면 중력의 조석 작용으로 두 은하가 뒤틀리며 은하 먼지가 일 것이다. 먼지는 우리은하 중심부에 쏟아져 들어오고 어쩌면 초거대 블랙홀을 다시 점화할지도 모른다. 그때까지 우리은하 중심부는 혼잡하긴 하겠지만 꽤나 한산할 것이다. 퀘이사도 없고 제트도 없을 테니까.

참을성 있는 천문학자라면 블랙홀 위로 철벅대며 떠다니는 밝은 물질을 보게 될지도 모른다. 그렇다고 블랙홀을 직접 본다는 뜻은 아니다. 죽어 가던 별의 잔해에서 붕괴해 생겨나고, 동족인 별을 잡아먹고, 엔진을 가동해 퀘이사와 제트를 만들어 내고, 궤도 안에 별을 가두는 모습을 포착함으로써 우리는 블랙홀의 존재를 간접적으로 추론했다. 심지어는 블랙홀이 서로 충돌해 하나가 되면서 마치 말렛으로 드럼을 두들기듯 시공간을 뒤흔드는 소리까지 들었다.

사건의 지평선 그림자의 모습이 블랙홀의 실제 모습과 제일 가까울 것이다. 텅 빈 공간의 어두운 장막을 등진 블랙홀은 그야말로 투명하다. 하지만 활동을 멈춘 블랙홀이라 해도 보통은 먼지 원반을 계속 달고 있다. 먼지 원반은 빛을 내서 사건의 지평선 그림자를 드러내기에 충분할 만큼 뜨거워 우리에게 큰 도움을 준다. 심지어 블랙홀 바로 뒤에 있던 빛마저 방향을 틀어 우리에게 오기 때문에 원반이 블랙홀을 에워싼 것처럼 보이게 된다. 그렇게 생겨난 명암의 대비로 그림자가 모습을 드러낸다.

블랙홀의 크기가 워낙 작기 때문에 사진을 찍기는 곤란하다. 살상과 대혼란을 초래하는 무기로서 과장된 악명을 떨치는 블랙홀이지만 그 몸집은 너무나도 왜소하다. 블랙홀의 질량이 태양과 같다면 사건의 지평선의 지름은 6킬로미터에 불과하다. 태양의 폭이 140만 킬로미터라는 점을 생각해 보라. 2만 6천 광년가량 떨어진 궁수자리A*은 질량이 태양보다 무려 400만 배

이상 무거운 반면 지름은 기껏해야 17배쯤 클 뿐이다.

　여느 별의 고작 17배 크기인 칠흑같이 어두운 천체를 2만 6천 광년 떨어진 곳에서 사진에 담아낸다고 생각해 보라. 궁수자리A*의 이미지를 해상하는 작업은 달 표면에 놓인 과일 한 조각의 이미지를 해상하는 것과 마찬가지다. 100만×1조 킬로미터 떨어진 곳에서 지름이 2500여만 킬로미터인 그림자를 해상하는 작업은 100억 킬로미터 떨어진 곳에서 우리의 시야를 바늘만 한 크기로 채우는 물체의 그림자를 해상하는 것과 같다. 이처럼 터무니없이 작은 이미지를 얻으려면 지구만 한 크기의 망원경이 필요하다.

　초거대 블랙홀은 은하마다 하나씩 갖고 있을 만큼 우주에 풍부하지만 궁수자리A*을 제외한 다른 블랙홀은 너무 멀어서 지구만 한 망원경으로도 해상하지 못한다. 예외가 하나 있다. 5500만 광년 떨어진 M87(처녀자리A 은하)은 광대한 규모의 타원 은하로, 태양보다 수십억 배나 무거운 초거대 블랙홀에 닻을 내렸다. M87에 자리한 초거대 블랙홀은 몸집이 우람함에도 거리가 까마득해서 우리 하늘에서 보면 궁수자리A*만큼이나 작다.

전 세계에 흩어진 거대한 전파 망원경을 연결하여(더없이 정교한 천문대를 새로 짓고 그동안 거의 사용되지 않았던 천문대를 되살려) '사건의 지평선 망원경'Event Horizon Telescope, EHT이라는 지구만 한 크기의 복합 망원경이 탄생했다. 지구가 자전과 공전을 거듭함에 따라 우리가 관측하고자 하는 블랙홀이 EHT를 구성하는 전 세계의 망원경 시야에 들어온다. 정밀한 이미지를 얻어 내려면 모든 망원경을 마치 하나처럼 운용해야 하는데, 그러려면 시간을 섬세하게 보정해서 사실상 하나의 전 지구적 눈을 형성하여 블랙홀을 향해 시선을 맞춰야 한다. EHT 연구팀은 그들이 봉착한 기술적 난제를 이렇게 표현했다. 궁수자리A*과 M87 블랙홀의 이미지를 해상하는 작업은 샌프란시스코에 있는 25센트 동전의 날짜를 뉴욕시에서 읽어 내는 것과 마찬가지라고.

EHT는 지금도 끈질기게 궁수자리A*을 응시하고 있다. 그사이 연구 팀은 M87 블랙홀에 관한 데이터를 공개했다. 2019년 4월 10일, 내셔널프레스클럽에서 열린 기자회견에서 박수갈채가 쏟아졌다. 눈물을 터뜨린 사람도 있었다. 발표된 이미지는 어두운 그림자가 분명했다. 찬연히 빛나는 아름다운 얼룩 사이로 우리 태양계 크기의 그림자가 드리웠다. 그림자가 모습을 드러내자 이 순간을 전 인류와 나눈다는 생각에 나는 더없이 가슴이 벅찼다. 나처럼 전 지구의 시민 수십억 명이 하던 일을 멈추고 잠시 그 광경을 바라보았다. 암석 행성에 붙박인 채 천체가 성글게 흩어진 바다에서 태양계가 따르는 해류에 동참하던 우리 모두는 또 다른 은하 속 광대한 초거대 블랙홀의 이미지를 앞에 두고 얼어붙었다.

어쩌면 블랙홀을 직접 바라보는 경험을 홀로 하게 될 날이 올지도 모른다. 초거대 블랙홀에 충분히 가까이 다가가면 지구만 한 망원경으로 시력을 강화하지 않아도 그림자를 목격할 수 있다. 궁수자리A* 혹은 M87 블랙홀에 접근하려면 광속에 필적한 속력을 내는 동력이 필요하다. 무려 광속의 0.9999995배나 되는 속력(고작해야 광속의 100만분의 1만큼 느린, 초속 30만 킬로미터에 근접한 속력)으로 이동해도 궁수자리A*까지 가는 데 26년이 걸리며 그사이 지구에서는 2만 6천 년이 흐른다. 광속보다 1조분의 1만큼만 느린 속력으로 달린다면 M87 블랙홀로 가는 데 똑같이 26

년이 걸리며 그사이 지구는 5500만 년의 침식을 견뎌
내야 한다. 빠르게 이동할수록 더 빨리 여행할 수 있고
목적지에 상륙했을 때 생존할 가능성도 높아진다. 아
직 젊어서 원기 왕성할 테니. 광속에 필적하는 속력으
로 움직이면 관측 가능한 우주에서 가장 멀리 떨어진
블랙홀에 당도할 수도 있다. 그동안 지구에서 삶을 누
릴 인류를 모조리 상실할 비통함은 감내해야겠지만 말
이다. 우리는 심지어 태양과 태양계 전체, 노년에 접어
들어 형태를 분간하지 못하게 된 우리은하보다 오래
삶을 이어 갈 것이다.

9장

증발

순수한 시공간으로의 항해에 관한 나의 조언이 유용하길 바란다. 혹시라도 집으로 돌아올 때를 대비해, 아니면 귀향에 실패하더라도 기록만은 풍파를 견디고 무사히 돌아올지 모르니 이 가이드북에 당신의 경험을 기록해 두길 부탁드린다. 내가 완전히 솔직하진 않았다는 걸 고백해야겠다. 지금껏 나는 홀로 떨어진 블랙홀은 검다는 전제를 받아들이길 권했다. 장담하건대 내 조언은 여전히 대체로 유효하지만 블랙홀의 본질적 특징을 극복하려면 숙지해야 할 테크닉에 한정된 것이었다. 증기처럼 엷게 깔린 뜻밖의 문제가 블랙홀이 검다는 전제를 사실상 무너뜨린다는 사실을 인정할 수밖에 없다. 그 문제는 바로 '호킹 복사'다.

풍부한 증거로 블랙홀의 존재를 확증한 지금, 우리는 사고 실험 속 홀로 외떨어진 순수하게 이론적인 블랙홀로 다시 돌아간다. 블랙홀은 우주 공간을 느릿느릿 기어 다니며 우주로부터 온갖 쓰레기를 빨아들이는 거대한 천체물리학적 존재지만, 동시에 티끌 하나 없이 완벽한 근본적인 중력 현상이기도 하다. 가장 삭막하고 추상적인 형태의 블랙홀은 자연의 완벽한 초상을 그려 내기 위한 소규모 접전들이 단 하나의 대규모 작전으로 변모하기에 이상적인 장소다.

자연법칙은 몇 되지 않는다. 사실상 두 가지 물리 법칙이 있다. 중력을 다루는 법칙과 물질을 다루는 법칙. 우리는 중력을 시공간과 동등하게 취급했다. 휠러의 말을 살짝 다르게 표현하자면, 물질과 에너지는 시공간이 얼마나 휘어질지 말해 주고 시공간의 굴곡은 물질과 에너지가 어떻게 움직일지 말해 준다. 물질 간의 힘을 지배하는 법칙은 원자핵과 원자를 통제하고 빛의 본질과 우리가 세상에서 겪는 대부분의 경험을 결정하는데, 언뜻 보면 시공간을 지배하는 법칙과 본질적으로 달라 보인다. 자연법칙의 목록에 적힌 항목의 수는 하나가 아니긴 해도 여전히 몇 안 되는 둘이라 만족스러운 편이다. 이 더없이 짤막한 목록에서 우리가 알고 있는 세상의 복잡성이 전부 나타난다. 근본적인 단순성을 당혹시키면서.

기본법칙의 목록은 그야말로 단순하지만 물리학자들의 소망을 충족시키기엔 아직 부족하다. 단 하나의 '모든 것의 통일 이론', 즉 모든 것을 하나로 통일하는 궁극적인 물리 법칙을 밝히려는 열망이 팽배하기 때문이다. 모든 것의 이론을 발견하려는 조직적 활동은 겉보기엔 그럴싸한 물질 간의 힘과 중력이 사실상 똑같은 근본 현상을 다르게 표현한 것이라는 강력한 견해로 촉발되었다.

양자역학은 기본법칙이 아니다. 각각의 기본법칙을 고에너지 조건에서 표현하기 위한 패러다임이다. 고에너지 조건에서는 더없이 뛰어난 정밀도로 미세한 간격까지 샅샅이 조사할 수 있다. 예컨대 고에너지의 엑스선을 생각해 보자. 엑스선은 피부의 원자를 스쳐 지나갈 만큼 작고, 피부가 사실 거의 텅 비어 있다는 것을 알아낼 만큼 작다. 고에너지 물질은 우리가 일상에서 경험하는 저에너지 조건에서와는 다르게 행동한다. 고에너지에서 물질의 행동을 관찰하면 물질이 더 이상 쪼갤 수 없는 불연속적인 단위 '양자'로 이루어져 있다는 사실이 드러난다. 우리는 물질이 양자적으로 서술된다는 것을 그야말로 충분히 검증했다. 만일 그 미시적인 우주가 작동하는 모습을 확대한다면, 확실히 정해진 것이라곤 없고 모든 게 확률적이며 제멋대로 들썩이는 반직관적인 양자의 세계, 가능성의 구름으로 둘러싸인 그 근본적 존재를 목격하게 될 것이다. 모호함이라곤 전혀 없는 물체가 만들어 낸 단순한 결정론적 현실, 그 익숙한 경험은 사실 환상이다. 빈약한 지각과 흐릿한 시야, 느려 터진 반사신경과 제약된 힘을 가진 탓에 우리는 감쪽같이 속아 넘어갈 수밖에 없다. 모든 자연법칙을 심층에서 하나로 통일하려면 중력을 양자적으로 서술할 방도를 찾아내야 한다. 하지만 그 방도는 지금껏 우리 손아귀를 교묘하게 빠져나갔다.

양자 중력에 관한 단서를 모으려면 블랙홀의 최전선을 탐사하는 게 좋다. 블랙홀은 일종의 돋보기와도 같다. 우주의 역사상 가장 높은 에너지로 더없이 작은 규모에서 일어나는 물리적 과정을 증폭해 보여 준다.

그 과정은 다름 아닌 양자역학이 지배하는 영역이다.

블랙홀은 정말로 아무것도 아니다. 하지만 아무것도 아니라는 건 그 말이 뜻하는 의미처럼 간단하진 않다. 양자 수준에서 들여다본 진공은 지금껏 내가 설명한 것과는 달리 결코 텅 비어 있지 않다. 진공은 사실 양자적 확률로 홍역을 치르고 있다. 그곳에 있기도 하고 없기도 한, 존재와 소멸을 넘나드는 물질로 가득하다는 뜻이다. 양자 수준에서 존재가 모호해진다는 사실은 하이젠베르크의 불확정성 원리와 관련된다. 그에 따르면 어떤 아원자 입자도 특정한 장소에 가만히 정지해 있을 수 없다. 불확정성 원리가 발견되기 전에는 모두들 미시 세계의 입자(양자 입자)를 마치 얌전히 놓인 당구공처럼 한곳에 고정해 둘 수 있다고, 그것이 그리 힘든 일은 아닐 거라고 생각했다. 하지만 그런 상상 속 입자는 실제로는 존재하지 않는다.

비유라면 으레 결점이 있기 마련이지만 감안하고 설명해 보겠다. 기타로 코드를 연주한다고 상상해 보라. 코드는 단음의 중첩이다. 확실히 코드를 연주하고 있다면 그것은 단음이 아닌 게 분명하다. 이제 이 음악 비유를 뒤집어 보자. 코드를 중첩시켜 원하는 단음 하나만 남기고 모두 제거하는 방식으로도 단음을 연주할 수 있다(헤드폰의 노이즈 캔슬링 기술을 떠올려 보라). 그렇다면 단음은 코드의 중첩이다. 코드가 단음의 중첩인 것과 마찬가지다. 코드나 단음 둘 중 하나일 수는 있지만, 코드인 동시에 단음인 소리는 존재하지 않는다.

코드와 단음의 관계와 비슷하게, 양자역학의 불확정성 원리가 성립하는 이유는 양자 입자가 정확히 한 장소에 위치하는 동시에 특정한 운동을 하고 있을 수 없기 때문이다. 한 입자가 정확히 어떤 위치에 있다면 그 입자의 상태는 운동이 중첩된 상태다. 거꾸로도 역시 참이다. 입자가 특정한 속력으로 운동한다면 그 입자의 상태는 위치가 중첩된 상태다. 입자의 물리적 형태는 공간에 명확히 구체화되지 않는다. 이곳에 있지도 않고 저곳에 있지도 않다. 이곳과 저곳, 두 곳에 동시에 있다. 이를 두고 물리학자는 위치와 속도가 '상보적 관계에 있는 관측 가능한 물리량'이라고 표현한다.

우리는 입자라는 것이 존재하고 그것이 어떤 위치에서 어떤 운동을 하고 있다고 상상하곤 했다. 하지만 이제는 코드인 동시에 단음인 것이 있다는 말처럼 터무니없는 상상이라는 걸 깨달았다. 코드인 동시에 단음인 것은 없다. 정확히 어떤 위치에 있으면서 특정한 속력으로 움직이는 것도 없다. 이 모든 어려움은 양자 세계에 관한 더욱 일반적인 관점을 암시한다. 이곳과 저곳, 그때와 지금, 빠름과 느림의 중첩 상태는 양자 수준에서 전적으로 자연스러우며 언제나 유지되는 특징이다. 한곳에 가만히 놓인 물체라는 완전히 둔탁한 현실은 상투적인 환상일 뿐이다. 그저 자세히 들여다보기만 하면 굳건했던 실재가 허물어진다.

추론을 극한까지 몰아가 보자. 어떤 입자가 정확히 저곳에 있다고 확실하게 말하지 못한다면 입자의 존재와 부재는 더 이상 분명히 규정할 수 없다. 논의를 진공까지 확장하면 어떨까? 완전히 텅 빈 순수한 진공에는 근본적인 물리적 한계가 서려 있다. 다시 말해, 만일 무언가 그곳에 있다고 명확히 말할 수 없다면 그것이 그곳에 있지 않다고도 명확히 말할 수 없다. 불확정성 원리의 직접적인 결과로, 입자가 나타났다 사라지는 양자 요동이 불가피하게 등장한다.

결과적으로 진공조차 완전히 텅 비어 있지 않다. 진공은 물질의 양자 요동이 일으킨 거품으로 부글부글

하다. 양자 요동은 지금 우리 방 안에서도 일어나고 있다. 하지만 양자 바다의 미시적 규모와 견주어 우리는 몸집이 크고 충분히 기민하지 못하기 때문에 그처럼 미세한 움직임은 그냥 지나치고 만다.

진공의 요동에는 법칙이 있다. 줄곧 나타났다 사라지면서도 양자 입자라면 마땅히 따라야 할 조건이다. 색에 비유해 설명해 보자. 초록색 물감이 담긴 통에서 어떤 연금술 과정을 거치면 파란색 방울과 노란색 방울이 추출되고, 두 방울을 섞으면 정확히 그 초록색이 만들어진다고 가정하자. 이 비유에서 진공은 초록색과 같은 특정한 상태이며, 섞여서 정확히 그 초록색을 구현하는 한 쌍만이 진공에서 요동치며 모습을 드러낼 수 있다. 한 쌍의 색은 하이젠베르크의 불확정성 원리를 따라 진공에서 튀어나왔다가 순식간에 다시 뒤섞여 원래 생겨난 초록색으로 돌아간다. 진공의 요동은 감지하지 못하는 게 정상이다. 한 쌍의 색은 지각하기에는 너무도 재빨리 나타났다 사라진다.

하지만 만일 진공이 블랙홀 근처에 있다면 사건의 지평선은 두 방울을 다시는 뒤섞이지 못하도록 완전히 떨어트릴 수 있다. 이 중요한 특징 덕분에 블랙홀은 우리 방과는 달리 진공으로부터 실제 입자를 뽑아 낼 수 있다. 색 비유에서 파란색 방울과 노란색 방울은 초록색 물감에서 튀어나오는데, 만일 파란색 방울이 사건의 지평선 너머로 떨어지고 노란색 방울만 남는다 면 블랙홀 밖에 남겨진 노란색 방울은 파란색 짝이 없 으므로 초록색으로 돌아가지 못한다. 무無에서 생겨난 것처럼 보이는 노란색 방울은 이제 우주에서 자유로 이 살아간다. 블랙홀로 빠지고 만 파란색 방울을 뒤로 한 채.

　　이 비유를 블랙홀의 언어로 표현해 보자. 양자 요 동으로 광자 한 쌍이 탄생하고 그중 하나가 사건의 지 평선 내부로 빠지면 나머지 하나는 밖에 남게 된다. 한 번 추락한 광자는 다시 밖으로 나와 제짝과 결합하지 못한다. 밖에 남은 광자도 제짝 없이는 진공으로 돌아 갈 수 없다. 진공으로 돌아가기에 알맞은 성질(색의 비 유로 말하자면 알맞은 색)을 더는 갖지 못하기 때문이 다. 블랙홀에 빠지지 않은 광자는 사건의 지평선 외부 의 탈출 속도가 광속을 밑도는 덕분에 블랙홀로부터 달아날 수 있다. 블랙홀은 양자 진공에서 끊임없이 빛 을 잡아당겨 광자 하나를 흡수하고 나머지 하나는 우주 끝까지 가도록 내버려 둔다.

　탈출한 빛에는 그 어떤 상세한 특성도 각인되어 있지 않다. 어떤 의미에서 빛의 생성은 진공에서 자연히 비롯된 현상일 뿐 블랙홀과 아무런 관련이 없다. 따라서 블랙홀에 관한 특징이나 정보는 복사에 전혀 각인되지 않는다. 블랙홀 근처에서는 이처럼 특색 없는 빛의 스펙트럼이 방출되는데, 스티븐 호킹의 이름을 따서 '호킹 복사'라고 불린다. 이 별난 생각을 내세우며 정설에 반기를 든 사람이 바로 자신만만한 성격에 병든 몸을 지닌 옥스퍼드대학교의 물리학자 스티븐 호킹이었다.

　호킹 복사가 나르는 열과 에너지는 어떤 에너지원을 대가로 지불한 결과인데, 에너지는 엄격하게 보존되기 때문이다. 탈출한 빛의 에너지는 추락한 빛의 '음의 에너지'와 정확히 균형을 이룬다. 에너지가 어떻게 음의 값일 수 있냐고 불안한 눈빛을 보내고 있겠지만, 에너지 자체는 상대적이며 누가 묻느냐에 따라 달라진다. 블랙홀 내부에 있는 우주비행사가 보기에는 추락하는 빛이 양의 에너지를 가진다. 블랙홀의 관점에서 본 떨어지는 빛은 블랙홀이 질량 형태로 가지고 있던 중력 에너지에 부정적으로(음의 방향으로) 기여해 그 에너지를 감소시킨다. 블랙홀은 호킹 복사를 방출하면서 질량을 잃을 수밖에 없다. 블랙홀의 증발은 필연적이다.

아무것도 블랙홀에서 탈출할 수 없지만 블랙홀은 호킹 복사를 내뿜으며 점차 증발한다. 터무니없이 직관에 반하며 아름답게도 역설적이다. 블랙홀에 더없이 짙은 어둠의 장막을 드리우는 사건의 지평선이 도리어 본질에 반기를 들고 블랙홀이 양자 복사로 빛나게 한다.

양자역학의 관점에서 본 블랙홀은 진정한 물리적 딜레마를 드러낸다. 순수한 중력 현상인 사건의 지평선의 존재는 블랙홀 근처 진공에서 나타나는 호킹 복사가 내부의 세부 사항에 관한 기록과 블랙홀의 역사가 남긴 유물을 전혀 운반하지 않는다는 것을 보증한다. 블랙홀로 들어간 정보는 결코 빠져나올 수 없다. 정보가 가공되어 복사열이 되지도 못한다. 호킹이 사건의 지평선 바로 밖에서 우주로 새어 나갈 수밖에 없다고 증명한 그 복사의 열 말이다. 마침내 블랙홀은 호킹 복사를 흩뿌리며 폭발할 것이다. 남는 것은 아무것도 없고 심지어 사건의 지평선도 사라진다. 커튼을 활짝

열어 봐도 그 뒤에는 아무것도 없다. 그저 무일 뿐이다. 무엇이든 블랙홀로 떨어지면 사라지고 만다.

그래도 블랙홀은 대체로 검다

인류가 존속하는 동안 호킹 복사는 딱히 중요하지 않은 관측 대상일 가능성이 높다. 우리가 식별한 블랙홀은 하나같이 매우 거대하며, 앞서 말한 것처럼 몸집이 큰 블랙홀은 작은 블랙홀보다 온순하다. 중력을 만드는 근원의 밀도가 높을수록 자연히 중력 가속도가 강해지는데, 큰 블랙홀은 작은 블랙홀보다 밀도가 낮다. 블랙홀이 작으면 중력 에너지가 더 밀집되고 사건의 지평선 근처의 중력 가속도도 덩달아 강해진다. 더 강력해진 중력 가속도는 작은 블랙홀 주변에서 중력이 터무니없이 강해지고 그로 인해 고에너지 양자 현상이 탐지된다는 것을 의미한다. 따라서 호킹 복사를 추동하는 양자 과정은 자그마한 사건의 지평선에서 더욱 활발해진다. 블랙홀이 클수록 호킹 복사는 희미해진다. 블랙홀이 작을수록 호킹 복사는 강렬해진다.

호킹 복사에 뒤따르는 증발로 인해 미니 블랙홀은 무해한 동시에 위험해진다. 미니 블랙홀 공장을 설계하여 우주 연구소에 설치한다고 해 보자. 극히 찰나의 시간 동안 순식간에 증발하는 덕분에 미니 블랙홀이 우주선과 우리를 집어삼킬 일은 없다. 하지만 작은 블랙홀은 삶의 끝자락에 환상적인 증발을 선보이기 때문에 우리는 사실상 우주 연구소에 치명적인 폭죽을 터뜨려 위험을 초래한 것이나 다름없다. 폭죽보다는 다이너마이트에 가까울지도 모른다. TNT 4분의 1톤에 해당하는 에너지로 폭발하고는 파괴적인 폭파로 돌입해 위험천만한 엑스선과 감마선을 퍼뜨릴 수도 있다. 연구소에서 일으킨 충돌로 블랙홀이 넉넉히 만들어지면 화려한 불꽃놀이를 즐길 수 있을 것이다.

만일 우주정거장 전체를 내부로 폭발시킬 방법이 있다면 그로 인해 생겨난 (양성자보다 작은) 블랙홀은 핵폭탄급 에너지와 함께 폭발할 것이다. 이 자폭 비상 프로토콜에 돌입하는 것은 절대로 권하지 않는다. 가장 심각한 상황을 위해 남겨 두길 바란다.

항성급 질량의 블랙홀이라면 호킹 복사를 쬐어도 괜찮다. 태양 질량의 블랙홀이 방출하는 호킹 복사는 온도가 워낙 낮아서 관측되지도 않는다. 우리가 관측한 블랙홀이 내뿜는 호킹 복사는 빅뱅이 남긴 빛보다 차갑다. 이런 블랙홀은 방출하는 에너지보다 흡수하는 에너지가 더 많다. 먼 미래에는 주변의 우주보다 뜨거워져서 증발의 과정을 밟기 시작하는데, 우주의 현재 나이보다도 기나긴 더없이 오랜 세월이 걸린다. 우리가 아직 소멸하지 않았다면 우주정거장에서 내다본 장관에 탄성을 터뜨릴 만하다. 북극 상공에서 일렁이는 찬란한 오로라에 감탄한 적이 있다면 향수를 느낄지도 모른다. 어두운 죽은 별은 사건의 지평선이 서서히 사그라드는 와중에 나른하게 빛을 발할 것이다.

10장

정보

블랙홀의 증발은 예상치 못한 탐사 기회와 유별난 재난을 예고한다. 중력 법칙의 가르침에 따르면 호킹 복사가 블랙홀에 관해 알려 주는 것이라곤 아무것도 없다. 우주정거장에서 불꽃놀이를 바라보는 당신과 앨리스는 그저 구경꾼일 뿐이다. 방출된 빛으로는 아무 이야기도 전달받지 못한다. 뽑아낼 가치가 있는 정보는 하나도 없다. 느긋하게 휴식을 취하며 단순히 재미로만 진귀한 순간을 즐길 뿐이다.

그렇지 않다면 우리가 지금까지 이해하고 있던 중력의 가르침이 흔들리고 블랙홀 내부의 비밀이 불가피하게 호킹 복사에 각인될 수밖에 없다. 불확정성 원리는 모호함과 무관심으로 이끄는 초청장이 아니다. 이제 당신과 앨리스는 빛을 관찰해 유익한 정보를 찾아 헤맬 기회를 누리게 되었다.

우리 논의에서 중요한 것은 정보라는 개념이다. 근본적으로 양자 입자와 그것들의 배치에 관해 알려질 수 있는 모든 것이 바로 정보다. 정보를 구성하는 양자 비트, 즉 큐비트는 교환하고 주고받고 순서를 바꿀 수 있지만 절대로 파괴할 수는 없다. 양자역학을 고안한 최초의 설계자들은 정보의 보존이 중시할 가치가 있는 철학적 원리라고 주장했다. 양자역학은 기능상 정보를 보호하도록 설계되었다.

정보가 보존된 결과로 가역성이 뒤따른다. 정보가 항상 보호된다면 미래를 예측하고 과거를 재구성할 수 있다. 과거의 재구성은 실제로는 불가능할지 몰라도 이론상으로는 가능한 물리적 과정이다. 컴퓨터가 불타서 녹아 버린 탓에 데이터와 사진, 미처 다 읽지 못한 책을 소실해 애석하다면, 어리석은 낙관주의로 하늘을 가릴 수도 있다. 불의 열기에, 공기 분자가 받는 영향에, 컴퓨터 드라이브의 잔해에 모든 정보가 존재한다고. 순서는 완전히 엉망이 되었겠지만 물리적으로는 존재하며 원리상 이진법으로 암호화해 노래로 재조립할 수도 있다.

블랙홀을 이룬 정보가 나의 것이든 당신의 것이든, 아니면 컴퓨터나 데이터베이스의 것이든 상관없이 사건의 지평선은 모두 똑같이 생겼다. 따라서 사건의 지평선의 특색 없는 겉모습 뒤에 보호된 정보는 블랙홀이 물체를 먹어 치우며 몸집을 불림에 따라 반드시 증가할 수밖에 없다. 그 반대도 성립해야 한다. 블랙홀이 질량을 잃는다면 정보량도 감소한다. 하지만 사건의 지평선이 정보의 전달을 일절 금한다면 정보 비트가 호킹 복사로 사라지는 건 불가능하다. 그렇다면 블랙홀의 질량을 늘린 물질에 관한 기본적인 양자적 사실, 호킹 복사가 갉아먹은 그 모든 불멸의 양자 정보는 블랙홀로 떨어져 사라지게 된다. 그 결과 우주에는 블랙홀도, 내부의 물질도 남지 않는다. 오직 증발하는 내내 방출된 정체 모를 먼지만 남을 것이다. 일단 블랙홀이 증발하면 이전에 숨어 있던 정보는 실제로 사라진 것처럼 보인다.

위기의 기폭제는 '블랙홀의 정보 손실 역설'이라

는 모습을 하고 찾아온다. 블랙홀은 마법처럼 정보를 사라지게 했다. 하지만 정보는 신성시되는 것이기에 사라지지 않는다.

물론 양자역학의 설계자들이 틀렸을 수도 있다. 어쩌면 정보는 신성하지 않을지도 모른다. 만일 그렇다면 예측 불가능이라는 끔찍한 결과가 초래된다. 과거로부터 미래를 근본적으로 예측할 수 없다는 것은 미래로부터 과거를 근본적으로 재구성하지 못한다는 것만큼이나 심각한 문제다. 예측은 본질적으로 물리학 전체가 추구하는 프로그램이다. 간단히 말해 물리학은 원인과 결과가 있다는 관념, 자연은 원리상 인식 가능하다는 관념에 헌신한다. 만일 정보가 보존되지 않는다면 궁극적으로 자연은 인식할 수 없는 대상이 된다.

그렇다, 이미 양자역학이 나타나 단호한 결정론의 토대를 얼마간 허물긴 했다. 당구공의 궤적을 예측하려면 당구공의 속도와 위치를 알아야 한다. 둘 중 하나는 완벽하게 정확히 알 수 있지만 둘 다를 똑같이 완벽한 정확도로 알아낼 수는 없다고 하이젠베르크는 추측했다. 하지만 이건 전자와 같은 양자 입자를 다룰 때 일어나는 문제일 뿐, 우리가 이미 논의했던 것처럼 통상적인 관점에서는 사실이 아니다. 하이젠베르크의 불확정성 원리에 감화된 양자 이론의 개척자들은 물리적 세계의 질긴 섬유질 깊숙이 불확정성을 밀어넣었다. 20세기의 양자 이론가들은 당구공을 본뜬 입자보다 파동으로 양자 수준의 물질이 더욱 잘 서술된다고 주장했다. 파동함수라는 수학적 개념이 제안된 것이다. 파동함수는 양자 입자가 공간 어딘가에서 나타날 확률, 어떤 속력으로 움직일 확률, 가능한 상태 중 특정한 상태에 있을 확률을 알려 준다. 코드(입자의 위치)는 단음(입자의 운동)이 합쳐진 결과이며 그 반대도 성립한다는 아이디어가 파동함수에도 적용될 수 있다. 실험과 연구를 거듭한 결과 파동함수는 더욱 근본적이고 더욱 실제적인 것으로 드러났다. 파동함수가 변화하는 방식은 완전히 결정론적이다. 파동함수는 정보를 보존하므로 그 미래를 과거로부터 예측할 수 있다. 파동함수의 과거 또한 현재로부터 재구성할 수 있다. 과학자들이 입자에 대해 느꼈던 모든 강박 관념(입자가 세상을 따라 움직이는 경로는 결정론적이어야 하며 입자는 실제로 어딘가에 있어야 한다, 꼭!)은 이제 수학적으로도 심리적으로도 파동함수로 옮아갔다.

실재와 결정론을 향한 열망이 모조리 집중된 파동함수의 신성함은 블랙홀로 인해 위태로워졌다. 엄격하게 결정되는 파동함수, 그곳에 각인된 양자역학적 불확정성보다 한층 더 심각한 문제가 도사리고 있었다. 혼란스럽게 중첩되어 있던 파동함수는 미래를 예측하고 과거를 재구성할 능력과 함께 결국 우주에서 완전히 손실된다는 것이었다.

호킹은 타당하고 합리적인 우주에 반기를 들었다. 정보가 그저 숨는 게 아니라 말 그대로 사라질 수 있다면 양자역학에는 치명적 결함이 생기고 만다. 독실한 양자 이론가들은 물리학의 역사상 제일 정확하다고 평가받는 양자 패러다임을 내다 버리지 않고는 정보의 보존을 포기할 수 없다. 이 비극적인 결점을 묵묵히 받아들이기엔 양자적 사고방식이 이미 너무나 큰 성공을 거두었다. 양자역학의 지지자는 법정에 나서서 진술할 것이다. 정보는 보존되며 물리적 우주의 그 어떤 과정도 정보를 파괴할 권리가 없다고. 심지어는 블랙홀에게도 그럴 권리는 없다고.

반면 상대성 이론의 지지자 역시 확신했다. 블랙홀은 그 어떤 것도 놓아주지 않는다고. 절대로. 심지어 정보조차도.

　　당신과 앨리스가 호기심에 사로잡힌다면 둘 중 하나는 블랙홀로 뛰어들 각오를 해야 한다. 안전보다 탐사를 선택했다면 시공간에 몸을 내맡겨 블랙홀이 당신을 집어삼키게 하라. 빨려 들어가는 동안 상황이 얼마나 악화되고 있는지를 과학의 이름으로 기록할 수 있을 것이다. 당신과 앨리스는 서로 다시는 보지 못할 것이라는 운명을 감수해야 한다.

　　홀로 블랙홀 내부를 탐사하는 우주비행사로서 오직 당신만이 역설을 해결할 수 있다. 비록 그때쯤이면 앨리스는 이미 시간의 짐에서 벗어나긴 했겠지만, 중력의 조석 효과로 가루가 되어 가는 당신에게는 극심한 고통이 단숨에 닥칠 것이다. 설령 메시지를 보낸들 아무에게도 닿지 못해 허사일 터다. 그래도 보내 달라. 당신의 깨달음은 파멸을 초래하는 특이점 속으로 영원히 손실될 것이다. 그래도 소식을 전해 달라. 대담한 저항 정신을 보여 주길 부탁드린다.

　　이 시나리오가 정확하지 않고 정보가 블랙홀에서 탈출한다면 이야기는 달라진다. 블랙홀을 아무리 뒤져 봐도 특이점이 실제로 존재한다는 증거를 발견하지 못할 것이다. 양자 중력 덕분에 특이점을 면한 당신은 정보의 탈출 메커니즘을 밝혀낼 수 있다. 당신의 운명이 무엇이든 그 메커니즘은 당신을 온갖 구성 요소로 해체함으로써 정보를 가공해 방출한다. 그러니 산산조각이 나기 전에 재빨리 당신의 결론을 기록해야 한다. 당신이 발견한 실험 데이터와 역설의 해법이 담긴 정보 역시 마침내 호킹 복사의 형태로 빠져나온다. 블랙홀 밖을 떠돌다가 호기심이 동한 어느 지적 생명체가 망원경으로 빛을 거둬들여 메시지를 해독한다. 실험의 마지막 순간까지 재구성해 본 생명체는 역사에 길이 남을 희생에 고마워하며 후세를 위해 당신의 일생일대의 성취를 기록해 둔다. 당신이 남긴 유산에 고무된 과학자들은 과업을 받아들이고 블랙홀 내부에서의 생사 경험을 함께 공유한다. 당신은 결코 잊히지 않을 것이다.

아직 당신이 메시지를 쏘아 올리지 않았던 1970년대 중반, 일반 상대성 이론을 방어하려는 자들과 양자역학의 정의를 구현하려는 자들 사이에서 지난한 전쟁이 일어났다. 적진이 생겨났고 이데올로기 갈등이 벌어졌으며 판돈까지 걸렸다. 그 후 40년간 이어진 논쟁이 증명하듯이 우리는 중력과 양자역학 간의 충돌을 아직 완전히 몰아내지 못했다. 하지만 이 끈질긴 논쟁으로 정보 손실 역설은 한층 더 흥미롭고 중요해졌을 뿐이다. 역설의 해법은 세세한 부분까지 깊게 논의되지 못하고 오히려 더 극적으로 수정되면서 모든 것의 최종 이론 쪽으로 급격하게 방향을 돌렸다.

수십 년간의 전쟁은 양자역학 옹호자에게 유리한 방향으로 전개되었다. 순조로웠던 것은 아니다. 난투의 피바다 속에서 몇 가지 경이로운 생각이 정착했다. 사건은 실제가 아니다. 웜홀은 도처에 존재한다. 세계는 홀로그램이다.

11장

홀로그램

양자역학과 불확정성 원리가 정립되던 초창기,
두 가지 모순적인 상황과 맞닥뜨린 우리는 둘 다 존중
할 수 있길 간절히도 바랐다. 하나는 아인슈타인의 생
애 가장 행복했던 생각, 중력은 곧 무중력 상태라는 것
이었다. 거대한 블랙홀의 사건의 지평선으로 이행하
는 동안 우리는 편안하게, 무중력 상태로 그림자에 빠
져들 것이다. 달의 그림자로 떨어지는 것과 다를 바 없
다. 다른 한편 우리에게는 신성한 파동함수, 귀중한 정
보가 있다. 파동함수는 합리적인 물리적 세계의 모든
핵심 특성, 예측 가능성과 결정론을 물려받았다. 만일

중력과 양자역학을 모두 포기할 수 없다면 우리가 자연의 비웃음 속에서 어떻게든 불가능을 돌파해 중력과 양자역학을 동시에 받아들일 수 있을지 의문을 가져 봄 직하다.

블랙홀 추락 이야기를 다르게 구성해 보자. 당신은 무척 방대한 양의 정보 집합으로 정의되는데, 그 집합을 당신의 양자 상태로 간주할 수 있다. 블랙홀로 떨어지는 동안 사건의 지평선은 아무런 방해도 하지 않는다. 경계의 횡단은 걷잡을 수 없다. 당신의 정보가 블랙홀로 떨어지면 다시는 빠져나오지 못한다고 생각할 법하다. 중심의 근처에서 맞는 죽음은 온통 고통뿐이다. 의식이 소멸하고 머지않아 당신의 큐비트가 특이점에서 파괴된다.

블랙홀 바깥의 우주정거장에서 앨리스가(혹은 그의 후손이) 역설적인 장면을 목격한다고 가정해 보자. 호킹 복사를 꼼꼼히 그러모아 정보를 해독한 앨리스는 블랙홀에서 당신의 큐비트가 방출되었다는 결론을 내린다. 이 결론이 앨리스에게 반드시 문제가 되는 것은 아니다. 당신이 실제로는 추락하지 않았다고 앨리스가 생각한다면 말이다. 앨리스의 관점에서 보면 사건의 지평선은 당신의 시간을 늦출 뿐만 아니라 지평선 건너편에 당신을 문질러 발라 놓는다. 그렇게 당신의 양자 구성 성분을 마치 돋보기로 보듯이 지평선 표면에 확 퍼뜨리고 큐비트가 호킹 복사 형태로 빠져나갈 때까지 당신을 그곳에 매달아 둔다.

이렇게 재구성한 이야기에서 우리는 두 가지 상호 모순적인 명제를 동시에 주장해야 하는 골칫거리와 맞닥뜨린다. 블랙홀에 빠진 정보는 탈출할 수 없기도 하고 탈출할 수 있기도 하다. 어느 쪽이 맞을까? 둘 다 맞는다는 급진적인 주장이 있다. 추측이지만 두 사건이 모두 일어난다는 것이다. 마치 당신 혹은 적어도 당신의 정보에 판박이가 있는 것과 같다. 당신의 큐비트가 블랙홀로 추락하는 동안 큐비트 판박이는 블랙홀 밖으로 빠져나간다. 심지어 당신이 소멸했는지 같은 몇 가지 기본 사실에 대해서도 당신과 앨리스는 의견이 갈리기 때문에, 당신이 처한 복합적 현실은 더욱 오리무중에 빠진다. 하지만 아이디어의 고안자들은 아무도 알 수 없다고, 즉 모순되는 두 사건을 아무도 동시에 관찰할 수 없다고 달래듯 말한다. 두 사람이 다시 만나 당신의 비통한 이야기를 나눌 일은 결코 없다. 화장하고 남은 잿더미를 회수하듯 블랙홀 밖에 있는 큐비트를 아무리 끌어모으더라도 앨리스는 여전히 종잡을 수 없을 것이다. 당신을 따라 블랙홀로 뛰어든다고 해도 그 속에서 홀로 죽음을 맞이할 뿐이다. 당신의 판박이는 특이점으로 인해 사라져 버린 지 오래일 테니.

만일 이 추론이 입증된다면 우리는 신이 존재하지 않는다는 증거에 바짝 다가서게 된다. 그 어떤 초관찰자도 전지적 존재도 없다는 뜻이기 때문이다. 너무 들뜨진 말도록 하자. 이 문제는 일단 제쳐 두자. 단순한 실재론이 살아가기엔 적당하지 않은 대지에 씨앗이 하나 심어졌다. 정보 손실 역설을 해결하려면 수많은 전통을 포기해야 하지만 보상은 그만큼 값질 것이다. 실재의 개념이 뿌리째 뒤흔들리는 고통은 숨 막히는 자연관이 잠재울 것이다.

홀로그래피

블랙홀 밖에서 살아가는 우리에게 (블랙홀과 호킹 복사를 포함한) 세계의 관찰 결과는 사건의 지평선 근방에서 얇은 양자층 형태로 축적된 정보와 일치한다. 물론 가설일 뿐이지만, 블랙홀 내부에 담겨 있다고 상상했던 정보는 사실 경계면에 부호화되어 있다.

한 부피를 경계면이 에워싸고 있을 때 경계면보다 부피에 더 많은 정보를 채울 수 있다고 생각할 법하다. 하지만 실제로는 그렇지 않다. 부피는 그토록 많은 정보를 견뎌 내지 못한다. 수학적으로 계산해 보면 블랙홀의 정보량은 사건의 지평선의 면적이 넓을수록 늘어나며 내부의 부피와는 무관하다. 블랙홀의 경계면, 즉 사건의 지평선 표면에 부호화할 수 있는 정보보다 더 많은 정보를 내부에 채워 넣는 것은 불가능하다.

지금까지 논의한 결과로 내릴 결론을 받아들이기 전에 아무쪼록 잠시 숨을 크게 들이쉬길 바란다. 블랙홀은 '홀로그램'이다. 2차원으로 암호화된 정보가 3차원 이미지를 투영한다. 블랙홀이 집어삼킨 모든 정보는 경계면에 암호화되어 있다. 3차원의 내부는 지나친 낭비, 정보의 투영, 우리를 골리는 속임수에 불과하다.

우주에서 어떤 부피를 떠올리든 경계면에 암호화할 수 있는 정보보다 더 많은 정보로 부피를 채우는 것은 불가능하다. 시도해 본들 결국엔 블랙홀이 생겨날 텐데, 우리는 블랙홀이 얼마나 많은 정보를 담을 수 있는지 이미 알고 있다. 사건의 지평선이 견뎌 낼 만큼.

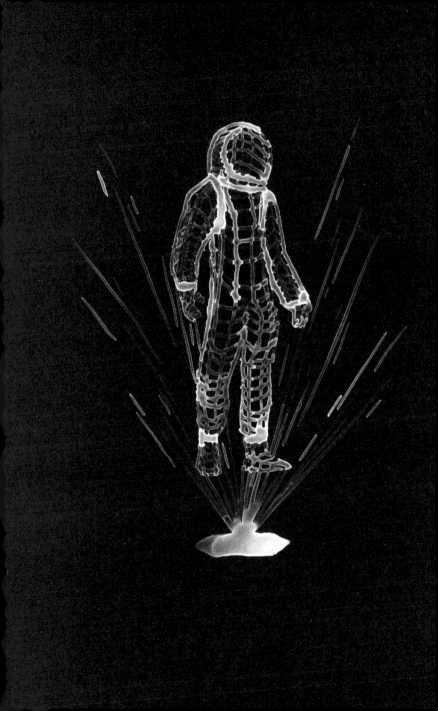

블랙홀만 홀로그램인 게 아니다. 세계 전체가 홀로그램이다.

홀로그래피 원리는 심오하며 무척 직관적인 동시에 불편할 정도로 반직관적이다. 수학으로는 거의 증명되었지만 여전히 추측으로 남아 있다.

완전히 달라 보이는 두 세계가 실제로는 동등하다는 것이 밝혀졌다. 중력이 있는 세계, 그 결과로 블랙홀이 존재하는 세계를 떠올려 보자. 이 우주의 참석자는 정보 손실 역설로 어리둥절하다. 이 세계는 사실상 상자 안에 있다. 상자의 경계면에는 또 다른 세계, 오로지 양자 물질로 가득할 뿐 중력과 블랙홀이 없어서 정보 손실도 일어나지 않는 소우주가 있다.

상자 속 세계는 상자 경계면 세계와 완벽히 동일한 실재임이 밝혀졌다. 어떤 기발한 수학 사전에 따르면 중력이 있는 상자 속 세계를 중력이 없는 경계면 세계로 정확하게 번역할 수 있다(이 수학 사전을 전문 용어로는 '반反 더시터르 공간과 등각 장론 사이의 이중성'이라고 한다). 상자 속 세계에 담긴 모든 정보는 상자 경계면 세계로 정확히 암호화된다. 하나의 실체, 하나의 세계가 존재하며, 두 가지 방식으로 표현되는 것

이다.

차이가 극명한 두 실재, 심지어 차원의 수도 다른 두 세계 간의 이중성(하나의 세계, 두 가지 표현)은 홀로그래피 원리를 수학적으로 그럴듯하게 체계화한 최초의 사례다. 상자 속에서 영화처럼 펼쳐진 모든 사건은 그저 경계면의 사건이 홀로그래피로 투영된 결과일 따름이다.

당신은 자신이 중력을 받아 블랙홀로 곤두박질치는 3차원의 우주비행사라고 생각할 것이다. 하지만 똑같이 유효한 다른 해석도 가능하며 마찬가지로 참이다. 당신은 그저 속아 넘어간 홀로그램, 2차원 실체의 투영, 생생한 상상력을 발휘해 과장된 허언을 남발하는 이야기꾼일 뿐이다.

경계면 세계는 오로지 양자 원리를 따른다. 물질을 지배하며 정보의 보존을 기틀로 삼은 원리 말이다. 경계면 안쪽의 세계는 그저 다른 번역본일 뿐이기에 마찬가지로 정보가 보존될 수밖에 없다. 동일한 우주의 한쪽 번역본에서 정보가 손실되지 않는다면 다른 쪽 번역본에서도 정보가 손실되지 않는다. 양자역학이 우세한 형국이고 정보는 반드시 보존되며 중력의 성채는 허물어진 것처럼 보인다. 그렇지만 정보가 정확히 어떻게 블랙홀에서 빠져나오는지는 여전히 미스터리로 남아 있다.

이 충격적인 이중성에 쏟아진 열망을 과소평가해선 안 된다. 그 결과는 정말이지 극적이고 도발적이며 생각할수록 압도된다. 심지어 호킹도 논증의 타당성에 이의를 제기하지 못했다. 호킹이 너무 일찍 패배를 선언했다고 우려한 사람도 있었으나 결국 호킹은 받아들였고 전쟁은 막을 내렸다. 다만 잠정적인 휴전이었다. 돌이켜 보면 전장에 흐르던 긴장의 끈이 잠시 느슨해졌을 뿐이었다.

정보의 보존은 흔들리는 법이 없었다. 홀로그래피와 이중성의 시나리오는 강한 호소력을 발휘했고 이제 남은 것은 깨끗하게 매듭짓는 것뿐이었다. 하지만 그렇게 되기는커녕 매듭이 당겨져 풀리면서 협정이 결렬되기 시작했다.

12장

화염벽

블랙홀의 정보 손실 문제는 여전히 미궁에 빠져 있다. 불타는 '화염벽'의 등장과 함께 평화가 산산조각 났고, 화염벽에 불을 붙인 위기 재발의 당사자들조차 후회하는 기색이 역력했다.

얽힘

화염벽 논쟁을 살펴보려면 별도로 약간의 장치를 살펴볼 필요가 있다. 바로 '양자 얽힘'이다. 양자 얽힘 은 경이롭고도 괴상야릇하다. 일단은 지극히 정상인 일상의 게임으로 설명을 시작한 뒤에 똑같은 게임을 양자 선수들이 진행하면 어떤 시나리오가 펼쳐지는지 살펴보기로 하자.

여기 Y자 모양의 칠면조 뼛조각이 있다. 당신과 앨리스는 뼛조각의 양 끝을 맞잡고 힘껏 부러뜨린다. 이 내기에서 두 가지 결과가 나올 수 있다. 당신이 큰 조각을 갖고 앨리스가 작은 조각을 갖거나, 당신이 작은 조각을 갖고 앨리스가 큰 조각을 갖거나. 다만 아무도 결과를 알 수 없도록 부러진 뼛조각을 각자 주머니에 넣는다. 이제 당신은 앨리스를 뒤로한 채 안드로메다은하로 가서 부러진 뼛조각을 확인한다. 만일 작은 조각이라면 당신은 앨리스가 큰 조각을 갖고 있다는 사실을 즉각 알게 된다. 이 일련의 사건에서 '유령'처럼 이상한 낌새는 전혀 없다. 식사를 마치고 자리에서 일어날 때 주머니에 있었던 정보는 당신을 따라 안드로메다로 이동했다. 지구에 남은 앨리스는 자신의 뼛조각을 확인하고는 자신이 승리의 뼛조각을 거머쥐었다는 걸 깨닫는다. 당신이 쥔 뼛조각이 패배를 의미한다는 것도 즉각 알게 된다. 앨리스가 파악한 사실과 실험 결과(앨리스가 뼛조각을 흘끗 확인해 본 실험의 결과)는 당신이 파악한 사실과 실험 결과(당신이 뼛조각을 살짝 들여다본 실험의 결과)와 완전히 무관하다. 관찰 결과는 이미 식사 자리에서 결정됐다.

칠면조 뼛조각 내기와 유사한 실험이 양자 세계에서 이루어지면 훨씬 이상한 일이 벌어진다. 당신과 앨리스는 뼛조각 대신 양자 입자를 하나씩 붙잡는다. 호킹 복사를 설명할 때 언급했던, 진공에서 튀어나와 요동치는 양자 입자다. 입자들은 항상 짝을 이뤄 등장하는데, 이런 한 쌍의 입자를 '호킹 쌍'이라고 부른다. 부러진 뼛조각은 반드시 두 조각으로 쪼개지고 다시 이어 붙이면 원래대로 Y자 모양 뼈가 되는 것처럼, 입자 한 쌍도 서로를 보완하여 원본의 모습으로 돌아가야 한다. 이 경우에 원본은 입자 한 쌍으로 쪼개졌던 진공이다. 앞서 살펴본 색 비유에서처럼 진공은 초록색 물감통과 같고 노란색 방울을 추출하는 똑같은 연금술 과정이 있다고 가정하자. 그렇다면 노란색 방울과 결합해서 원래대로 초록색 물감으로 돌아가는 특유한 파란색 방울이 반드시 존재해야 한다. 방울 한 쌍이 결합했을 때 정확히 바로 그 초록색 진공으로 돌아가는 경우는 두 가지다. 당신이 붙잡은 방울이 노란색이고 앨리스가 붙잡은 방울이 파란색이거나, 당신이 붙잡은 방울이 파란색이고 앨리스가 붙잡은 방울이 노란색이거나.

뼛조각 내기와 비교하면 극적인 차이가 드러난다. 소리가 코드의 중첩일 수 있듯이 당신의 입자는 노란색과 파란색이 중첩된 상태일 수 있다. 하지만 당신과 앨리스의 두 입자는 결합하면 원래대로 초록색으로 돌아가야 한다. 그러려면 두 입자가 서로 무관한 채로 색이 중첩된 상태여선 안 된다. 색이 서로 '얽힌' 중첩 상태여야 한다. 당신의 방울이 파란색이고 앨리스의 방울이 노란색인 '동시에' 당신의 방울이 노란색이고 앨리스의 방울이 파란색이라는 뜻이다. 충분히 조심스럽게 한다면 입자 한 쌍을 떨어트려 놓아도 얽힌 중첩 상태가 여전히 유지된다. 심지어 각자 입자를 하나씩 주머니에 넣은 뒤에 당신이 안드로메다은하로 떠난다고 해도 마찬가지다. 승자에 관한 정보는 아직 결정되지 않았다(파란색 입자를 가지면 이긴 것으로 치자). 정보는 하나로 규정되지 않은 상태다. 당신의 주머니 속 입자는 아직 파란색도 노란색도 아니다. 파란색(앨리스의 입자는 노란색)과 노란색(앨리스의 입자는 파란색)이 얽힌 채 중첩된 상태다.

안드로메다에 도착한 당신은 주머니 속 입자를 확인한다. 바로 그때 입자에 교란이 가해져 중첩이 깨진다. 입자를 관측하는 순간 실험 장치와 몸속의 무수한 양자 입자로 인해 미묘한 중첩 상태가 붕괴해 버린다. 당신의 관측으로 입자가 하나의 확실한 상태, 즉 파란색과 노란색 둘 중 하나의 상태로 구체화된다. 파란색? 당신이 이겼다! 방금 당신은 빛보다 빠른 속력으로 정보를 전달받았다. 앨리스의 입자가 노란색이라는 사실을 즉시 알게 되었기 때문이다. 얽힌 중첩 상태가 붕괴하는 순간, 수백만 광년 떨어져 있는 앨리스의 입자가 노란색 상태로 변한다. 안드로메다에서 출발한 빛이 지구에 도착하기도 전에 정보가 전달된 것이다.

하지만 앨리스는 자신의 입자가 노란색 상태로 변했다는 걸 즉시 알게 되진 못한다. 주머니를 들여다보고 노란색 입자를 확인하겠지만 앨리스가 노란색 방울을 얻을 확률은 언제나 반반이다. 그렇다면 앨리스의 패배라는 결과는 당신이 저지른 일에 관해 아무 고유한 정보도 전해 주지 않는다. 앨리스는 당신의 입자가 파란색일 수밖에 없다는 걸 알게 되겠지만 당신이 이미 관측을 해 놓았다는 사실은 여전히 알 도리가 없다.

전모를 알지 못하는 앨리스로서는 입자 한 쌍의 상태를 두 가지 색 조합 중 하나로 결정한 사람이 바로 자신이라고 여길 것이다. 앨리스는 당신이 아는 바를 알 방법이 없다. 만일 당신이 방울을 보았더니 파란색이라 승자가 되었다는 사실을 앨리스에게 알리길 원한다면 광속보다 느린 통상적 수단에 의존해야 할 것이다. 회심의 미소를 담은 편지를 은하간 공간 너머로 부치는 것도 한 방법이겠다. 편지를 받은 앨리스는 자신의 방울을 보고 당신의 주장을 확인할 수 있을 것이다. 앨리스가 이미 방울을 확인하지 않았다면 말이다. 앨리스의 방울은 정말로 노란색일 것이다.

　잘 알려져 있듯이, 이 황당한 상황은 아인슈타인이 보리스 포돌스키와 네이선 로즌과 함께 고안한 것이다. 아인슈타인은 이 결과를 두고 독일어로 "슈푸카프테 페른비르쿵"spukhafte Fernwirkung이라고 말했는데, 주로 '유령 같은 원격 작용'으로 옮긴다. 그러고는 자신의 예시를 물리학자들의 눈앞에 흔들어 대며 바로 이것이 양자역학의 결함을 보여 주는 증거라고 주장했다. 양자역학을 향한 아인슈타인의 불만을 요약하면 이렇다. 첫째, 양자역학은 상대성 이론을 따르지 않고 광속에 제한이 있다는 사실까지 무시하며 그 대신에 유령 같은 원격 작용을 허용한다. 둘째, 양자역학은 국소적 실재성을 위반한다. 다시 말해, 양자역학에 따르면 실험에서 관찰 가능한 양자 물리량은 명확한 값을 갖지 않기 때문에 적어도 통상적 의미에서는 실재하지 않고 측정된 뒤에야 실재성을 가진다.

아인슈타인은 양자 이론의 불합리함을 조롱거리로 삼으려 했다. 입자들이 얽히게 만든 뒤에 얽힘이 풀리지 않도록 조심스럽게 떨어트려 놓는다고 하자. 그렇다면 입자의 양자 상태에 관한 정보를 빛보다 빠르게 전달하는 것이나 다름없다. 불합리한 모순이 생긴 것이다. 하지만 연구실의 모든 관찰과 실험에서 확인한 결과는 참이었다. 서서히 증발하는 블랙홀, 그곳에 드리운 엄격한 얽힘 법칙은 모순 없는 양자 중력을 서술하는 목표로 우리를 더욱더 몰아간다.

화염벽

우리가 이미 살펴본 것처럼 진공은 가장 텅 빈 상태이긴 하지만 일상에서는 결코 알아차릴 수 없는 가상 입자의 거품으로 부글댄다. 불확정성 원리가 허용한 대로 만들어진 가상 입자 한 쌍은 반드시 진공 상태를 보존해야 한다. 우리가 초록색에 비유했던 진공 상태를 보존하려면 입자 하나가 파란색일 경우 다른 하나는 노란색이어야 한다. 결과적으로 호킹 쌍은 얽혀 있을 수밖에 없다. 블랙홀 밖을 비추는 광자는 안으로 떨어지는 광자와 얽힌 상태로 생성되어야 한다. 입자가 빠져나갈 희망마저 단호히 가로막는 사건의 지평선 덕분에 호킹 쌍은 영원히 얽힌 채 존재한다.

호킹 쌍의 얽힘은 '일처일부제'여야 한다. 호킹 쌍의 입자들은 제짝과 최대한으로, 완전히 얽혀 있다는 뜻이다. 한 양자 상태의 모든 세부 내용이 제짝의 세부 내용과 얽히고설켜 있어서 (색 비유에서처럼) 두 상태가 결합하면 진공의 조건을 충족하게 된다. 호킹 쌍에 속한 광자의 정보는 이미 전부 제짝의 정보와 연결되어 있다. 제짝이 아닌 다른 입자의 정보와 제멋대로 엉킬 수 있는 정보는 없다. 루시가 블랙홀에서 탈출한 광자, 샘은 블랙홀로 추락한 루시의 짝이라면 루시는 샘과 얽혀 있음이 틀림없다. 루시와 샘이 최대한으로 얽혀 있다면 둘은 일처일부로 얽혀 있는 것이다.

여기까진 괜찮다. 문제는 이제부터다. 상대성 이

론이 패배하고 양자역학이 승리를 거둬 블랙홀이 증발하는 내내 호킹 복사가 모든 정보를 밖으로 나르고 있다고 가정해 보자. 만일 블랙홀을 빠져나온 호킹 복사를 영겁의 세월 속에서 한데 모은다면 블랙홀에 빠지고 만 어떤 존재의 이야기를 재구성할 수 있을 것이다. 그 이야기를 정확히 듣기 위해선 호킹 복사가 반드시 정보를 포함해야 하고 먼젓번에 탈출했던 정보까지 그 호킹 복사로 조심스럽게 전달되어야 한다. 호킹 복사가 정보를 전달받는 방법이 바로 얽힘이다. 나중에 탈출한 호킹 복사는 먼젓번에 탈출한 호킹 복사와 얽혀 있어야 한다. 하지만 앞서 강조했던 것처럼 호킹 쌍은 이미 서로 얽혀 있어서 다른 입자와 동시에 얽힐 수가 없다. 그게 가능하다면 일처다부제가 될 테니까. 블랙홀에서 빠져나온 루시 광자는 블랙홀로 추락한 반쪽 샘 광자와 틀림없이 얽혀 있다. 수조 년 전에 탈출했던 팸 광자와 교제할 리는 없다. 그렇다면 또다시 일처다부제다.

　강조하겠다. 정보를 보존하려면 반드시 필요한 호킹 복사의 얽힘 그리고 사건의 지평선 근처의 텅 빈 진공 상태를 유지하려면 반드시 필요한 호킹 쌍의 얽힘.

두 얽힘 사이에서 모순이 드러났다. 둘 다 가질 수는 없다.

위기를 도발적인 형태로 다시 표현하면 모순이 더욱 선명해진다. 정보가 보존되어야 한다고 믿는다면 우리는 차례로 빠져나온 호킹 복사가 정보의 처음과 중간과 끝 이야기를 들려주는 것에 가장 큰 관심을 보일 것이다. 이야기 재구성에 필요한 먼젓번과 다음번 호킹 복사가 반드시 얽혀 있어야 한다면, 이 전제에는 어떤 의미가 함축되어 있을까? 일처다부제는 금지되어 있기 때문에, 호킹 쌍이 서로 얽힌 채 방출된다는 믿음을 포기해야 할 것이다. 색 비유로 돌아가자. 호킹 쌍이 얽힐 수 없다면 노란색 방울은 나머지 방울 하나와 얽힐 수 없을 것이다. 따라서 그 나머지 방울은 사실 파란색이 아닐지도 모른다. 그렇다면 방울 한 쌍이 생겨났던 원래의 상태는 절대로 진공일 수 없다. 원래의 물감통이 특유의 초록색일 리가 없기 때문이다. 방울 한 쌍의 색에 어떤 상관성도 없다면 물감 통은 색이 마구 뒤섞여 얼룩덜룩해야 할 것이다. 호킹 쌍이 얽혀 있다는 믿음을 단념한다면, 즉 호킹 쌍이 얽혀 있지 않다면 두 입자는 진공이 아니라 얼룩으로 엉망인 상태에서 생겨나야 한다. 텅 비어 있지 않다면 가득 차 있을 뿐이다. 만일 사건의 지평선이 비어 있지 않다면 실제로는 화염으로 휩싸인 벽 같은 것이 가득 메우고 있을지 모른다. 아무것도 없기는커녕 어쩌면 그곳엔 눈부시게 타오르는 사건의 지평선이 있을 것이다. 고온으로 작열하는 '화염벽'이.

화염벽이 존재한다면 어느 누구도 블랙홀 내부로 진입할 수 없다. 내부는 없다. 블랙홀은 사건의 지평선을 휘감은 화염벽에서 끝난다. 화염벽을 넘어가려 아무리 애써 봤자 틀림없이 소각된다.

블랙홀은 아무것도 아니다. 이 문장을 납득시키기 위해 가이드북 지면의 절반을 사용했다. 상대성 이론에 따르면, 우리는 사건의 지평선 너머로 떨어지는 동안 어떤 극적인 사건도 경험하지 않는다. 엔진을 가동하지 않은 우주선 속에서 사건의 지평선 너머로 떨어진다면 엘리베이터 안에 갇혀 떨어질 때와 똑같은 일을 겪는다. 무중력을 느끼고, 우주선에서 어떤 실험을 수행하든 텅 빈 우주에서 자유낙하를 하며 수행한 실험과 똑같다. 사건의 지평선을 넘어가는 경험은 전혀 특별하지 않다.

하지만 사건의 지평선 표면에서 어떤 극적인 사건이 일어나 우리가 화염벽에서 불타 버린다면 상대성 이론 그리고 물리학자들이 극진히 모시는 '아인슈타인의 생애 가장 행복했던 생각'은 블랙홀에 적용될 수 없다. 그렇지 않다면 사건의 지평선 근처에서는 양자역학을 도저히 신뢰할 수가 없다. 물리학은 간과할 수 없는 진정한 딜레마에 직면한 것이다.

솔직히 말해 화염벽을 선호하는 사람은 거의 없다. 이론 물리학자들은 화염벽을 세상에서 추방하기 위해 무진 애를 쓰고 있다. 화염벽이 존재할 가능성은 거의 없다. 하지만 화염벽을 상상하는 사고 실험은 해결해야 할 곤혹스러운 문제를 들춰냈다. 실재의 양자적 본질에 대한 이해로 이어질 핵심적인 세부 내용을 설명했다는 것이 화염벽의 도발이 몰고 온 중대한 영향이다. 블랙홀은 진실에 대한 실마리를 선사한다. 그 실마리를 따라 우리는 드넓은 영토를 탐사하며 오랜 관념을 뒤로한다. 이 글을 쓰는 시점에도 우리는 블랙홀의 지평선 끝자락에 앉아 골똘히 생각에 잠겨 있다.

화염벽 없이도 일처일부제를 되찾을 수 있는(그리고 정보 손실 역설을 해결하는 데 필요한 모든 조건을 만족하는) 방법 하나가 제안되기도 했다. 더없이 기묘한 생각이라 여기에 언급할 만하다. 블랙홀에 떨어진 샘이라는 호킹 복사와 블랙홀에서 이미 예전에 빠져나온 팸이라는 호킹 복사를 가설상의 웜홀이 연결하기 때문에 샘과 팸이 사실상 똑같은 존재라는 것이다. 이제 루시는 샘과 팸 두 명과 동시에 얽혀 있으면서도 일처일부를 유지할 수 있다. 웜홀의 도움을 받아 블랙홀 양쪽에서 동시에 살게 된 단 한 명의 짝과 얽혀 있기 때문이다. 그렇다면 정보는 블랙홀 밖으로 빠져나올 수 있고 따라서 화염벽을 끌어들일 필요가 전혀 없다.

이 엉뚱한 생각을 끝까지 밀어붙여 보면 블랙홀만의 고유한 내부는 없을지도 모른다는 결론에 가닿는다. 블랙홀의 내부는 웜홀이 구축한 연결, 즉 얽혀 있는 바깥쪽 큐비트와의 연결을 통해서만 존재한다는 것이다. 당신이 블랙홀 안으로 떨어지더라도 블랙홀은 당신이 블랙홀 밖에도 존재함을 보증한다. 정보는 블랙홀에 빠지는 동시에 탈출한다. 물론 당신은 사라질 것이다. 다만 정보만은 블랙홀 너머에 살아남는다. 큐비트가 삶을 이어 가는 덕분에 당신의 몸과 정신과 기억, 즉 당신이라는 존재를 재구성할 물리적 가능성도 남아

있다. 그렇다면 정보의 소멸은 교활한 속임수에 지나지 않는다. 당신의 죽음을 되돌릴 수 있기에.

한 가지 흥미로운 추론에 따르면, 웜홀을 사용해 양자역학적 협상을 벌인 결과로 사건의 지평선이 나타난다. 블랙홀의 안과 밖을 촘촘히 짜 낸 웜홀의 그물망이 사건의 지평선을 형성할 수 있다는 것이다. 마치 재봉실이 엉키면서 자연스럽게 실뭉치의 경계면이 나타나는 것과 마찬가지다. 조화롭게 통일된 자수 무늬를 자세히 들여다보면 무수한 바늘땀으로 해체되는 것처럼, 독자적인 사건의 지평선이란 존재하지 않으며 따라서 독립적으로 존재하는 블랙홀도 없다. 마치 블랙홀 자체가 면밀히 살펴보면 사라져 버리는 환상인 듯하다.

13장

퇴장

블랙홀은 우리의 역사이자 미래다. 처음에는 아기 우주의 원시 수프에서 돌연히 나타났다가 나중에는 죽어 가는 우주에서 살게 될 것이다. 기본입자의 초상화에서 가장 무거운 존재인 블랙홀은 우리의 기원 서사에서 무엇보다 먼저 찰나에 일어난 빅뱅으로 탄생했을 것이다. 인식 가능한 상태의 물질로 정착하기에는 너무도 뜨거웠던 성분 속에서 원시 블랙홀이 살아가다가 초기 우주에서 폭발을 일으키며 자취를 감췄을 터다. 당시의 우주는 블랙홀을 다시 만들 만큼의 강렬한 에너지를 확보하기에는 너무도 차가웠다.

거대한 블랙홀은 나중에야 생겨났다. 그래 봤자 우리 우주의 삶에서 최초의 몇 분 동안 이루어진 일이었다. 원시 수프가 텀벙거리며 일련의 단계를 거쳐 변모하면서 거대한 블랙홀이 나타났다. 마치 갓 착상한 수정란의 세계가 성장을 거듭하며 우주의 독특한 특징을 획득해 가는 듯했다. 수백만 년이 지나자 우주를 떠돌며 차갑게 식어 가던 먼지가 붕괴하면서 아마도 그로부터 직접, 별의 단계를 완전히 건너뛰고 초거대 블랙홀이 형성되었을 것이다. 블랙홀은 거대할수록 질량도 커지지만 사건의 지평선도 덩달아 늘어나고 모든 질량이 그 안에 집중된다. 질량과의 경쟁에서 승리를 거머쥔 쪽은 사건의 지평선이며, 따라서 어떤 의미에서 블랙홀은 거대할수록 형성되기가 수월하다. 죽은 별보다 밀도가 훨씬 낮은 초기 우주의 먼지구름이 붕괴해 만들어질 수도 있다. 이 초거대 블랙홀은 공기보다 밀도가 낮은 안개로도 형성될 수 있다. 우람한 풍채를 자랑하며 나타난 초거대 블랙홀은 은하와 은하단을 한데 불러 모으고, 거기서 별들이 세대를 걸쳐 제 생명의 주기를 꼬박 살아 내며 항성급 질량의 블랙홀 수십억 개가 되어 은하들을 가득 메운다.

초거대 블랙홀은 우리가 관찰한 가장 거대한 우주 구조물을 이룬다. 이온화된 가스 바람과 제트를 조절해 별의 섬 규모와 형태를 결정지으며 그들 자신이 몸담은 은하를 조각해 낸다. 무한한 다중 우주에서 시작해 우리가 속한 우주, 처녀자리 초은하단, 우리은하 그리고 살기 적합한 행성까지, 정교한 연대순으로 지구를 만들어 낸 주인공이 바로 초거대 블랙홀이다.

우주 속 우리의 공간을 굳건히 지키는 반석, 궁수자리A* 초거대 블랙홀은 제 위치가 우리은하 중심임을 똑똑히 선언한다. 태양계는 우리은하의 나선팔을 따라 궁수자리A*을 중심으로 회전한다. 인류는 지구에 실려 달과 더불어 태양 주위를 돌고 있다. 1억 5천만 킬로미터 떨어진 태양을 초속 30여 킬로미터로 돌며 1년간 9억 4천만 킬로미터에 달하는 타원 둘레를 완주한다. 태양계 전체는 대략 250만×1조 킬로미터 떨어진 궁수자리A*을 2억 3천만 년간 초속 230킬로미터로 회전해야 비로소 궤도 한 바퀴를 돌 수 있다. 이 한 바퀴를 1년으로 치면 태양은 이제 얼추 스무 살이 됐다.

태양은 한때 우리 행성계의 중심이라는 영예를 누렸고 우주의 중심으로 여겨지기까지 했다. 하지만 그

지위는 박탈당하고 말았다. 이어서 궁수자리A*이 은하의 궁극적인 주역으로 군림했고, 기본적으로는 우리 은하의 모든 태양계, 구상성단(불규칙적으로 움직이는 별들이 빽빽이 뭉친 기묘한 별 무리), 보이지 않아 딱 알맞은 이름이 붙은 암흑물질 덩어리가 그 주위를 맴돌았다.

　　태양계의 운동을 지켜보면 장관도 그런 장관이 없다. 그 극적인 광경을 바라보고 있자니 상상력이 날뛴다. 태양과 플라스마 바람, 행성과 다채로이 공간을 메운 위성, 가는 줄이 켜켜이 새겨진 토성의 고리와 벌겋게 드러난 목성의 폭풍의 눈, 저 모든 인공위성 — 우주 저편으로 내던져져 길을 잃고 혹독한 고요 속에서 빛을 발하며 영원토록 낙하하는 금속 구체, 수백에 달하는 난쟁이 행성(왜행성)의 대표자 명왕성, 산산이 부서져 이리저리 날뛰는 소행성 무리가 된 행성 그리고 행성들 사이를 메운 얼음과 암석과 안개와 자기력선…… 이 모든 것이 전부 우리은하의 바람개비에 박힌 채 매초마다, 우리가 숨을 들이쉴 때마다 200킬로미터를 이동하는 살벌한 속력으로 태양보다 400만 배 무거운 텅 빈 공간 주위를 돌고 있다. 태양계의 모든 구성원은 광막한 공간에 모습을 드러낸 불가해한 시계 장치로서 찬연한 기계적 위용을 뽐내며 자전과 공전을 거듭한다. 사납게 돌아가는 톱니바퀴 위에서 우리는 비틀대며 돌아다닌다. 진실은 까맣게 모른 채.

　　우리는 서서히 태양으로 떨어지고 태양 또한 서서히 초거대 블랙홀로 떨어질 것이다. 은하를 이루는 다른 모든 존재와 함께. 다만 아주 오랜 세월이 걸린다. 그보다 훨씬 먼저 우리는 이웃 은하인 안드로메다와 충돌해 어쩌면 우리은하에서 추방당할 것이다. 안드로메다는 한동안 스멀스멀 다가와서 우리를 엄습하고는 하늘의 전경을 창백하게 덮어 버린다. 조만간 우리은하를 갈라 버릴 것이라고 경고하면서. 그 충격으로 우리는 안드로메다에 합류하거나 우리은하의 블랙홀보다 1000배는 무거운 안드로메다 중심의 초거대 블랙홀 근처로 던져질 수도 있다. 별들이 충돌하기에는 그 사이 공간이 너무도 광활하기 때문에, 직격탄을 맞는 극소수의 별을 제외하면 두 은하는 스치듯 서로를 통과할 것이다. 별과 별 사이를 메운 가스는 한데 모여 뜨겁고 붉게 빛나고 암흑물질은 서로를 유유히 스쳐 지나간다. 우리 태양계는 수십억 년간 무수히 발생한 충돌에도 끄떡없이 한 몸처럼 나아갈 것이다. 은하 중심의 두 블랙홀은 합쳐지고 끝내 두 은하의 잔해가 크게 뭉쳐 하나의 은하를 이룰 것이다.

우리은하의 초거대 블랙홀 그림자를 생각한다는 것은 우리의 미래를 생각한다는 것이다. 바로 그곳이 우리의 데이터, 양자 정보 조각이 막을 내리는 곳이다. 고개를 들어 궁수자리가 있는 곳을 바라보라. 아무도 모르는 사이에 우리는 그곳 은하의 중심으로 떠내려가고 있다. 영원에 가까운 세월을 생각해 보면, 지구에 태어난 적이 있거나 언젠가 살아갈 우리 모두는 태양이 수명을 다함에 따라 기본 원소로 증발해 버리고 끝내 합쳐진 은하 중심의 초거대 블랙홀 속으로 흘러들 것이다. 또 다른 태양계, 은하를 떠도는 부스러기 잔해, 암흑물질의 온 덩어리와 함께. 모든 것이 중심의 소용돌이로 휩쓸려 가며 극도로 밝은 빛을 내뿜는다. 우주에서 마지막으로 전력을 기울여 터뜨린 몹시도 찬란한 빛의 폭발. 점차 어두워지는 시공간의 고요한 폭풍 속으로 모든 것이 사라지고 나서야 빛은 사그라든다.

하루 단위로 살아가는 우리가 그토록 광막한 미래의 순간을 생각한다니 별나게 들릴지도 모른다. 언젠가 우주가 생명의 기능을 다하지 못하는 날이 온다면 우주는 블랙홀 말고는 아무것도 남지 않을 것이다. 그 블랙홀마저도 증발하여 어쩌면 그동안 비축해 놓았던 정보를 해방시킬 것이다. 물론 한창 진행 중인 논란거리이며 누군가 증언할 사람이 있다면 해결될 문제다. 우리의 양자 비트는 아마도 블랙홀 안팎에서 동시에 존재하게 될 것이다. 웜홀로 이어져 복제된 우리는 동시에 두 곳에서 살아간다. 차츰 희미해지는 사건의 지평선에서 마침내 모조리 쏟아져 나온 우리의 정보는 처참한 무질서로 가득할 것이다. 도저히 읽어 낼 수가 없다.

궁극적으로 우주에는 오직 정보만 남는다. 우리의 시작과 진화, 무언가 알고자 했던 열망, 지금 이곳 우리의 존재에 대한 이야기는 이제 시간의 순서를 담아내지 못한 탓에 읽을 수 없는 형태로 사방에 흩어질 것이다. 우리의 역사는 지워지고 만다.

결국 모든 블랙홀이 자취를 감춘다.

블랙홀에서 살아남는 법
: 천체물리학자와 함께 떠나는 깜깜 블랙홀 탐험

2022년 11월 24일   초판 1쇄 발행

지은이	**그린이**	**옮긴이**
재너 레빈	리아 할로란	박초월

펴낸이	**펴낸곳**	**등록**
조성웅	도서출판 유유	제406-2010-000032호 (2010년 4월 2일)

주소
서울시 마포구 동교로15길 30, 3층 (우편번호 04003)

전화	**팩스**	**홈페이지**	**전자우편**
02-3144-6869	0303-3444-4645	uupress.co.kr	uupress@gmail.com

	페이스북	**트위터**	**인스타그램**
	facebook.com	twitter.com	instagram.com
	/uupress	/uu_press	/uupress

편집	**디자인**	**조판**	**마케팅**
인수, 조은	이기준	정은정	황효선

제작	**인쇄**	**제책**	**물류**
제이오	(주)민언프린텍	다온프린텍	책과일터

ISBN 979-11-6770-049-0 03440